TÉCNICAS DE MANTENIMIENTO DE LA INFRAESTRUCTURA FERROVIARIA

Autor. Daniel Lurueña González

2ªedición

DEDICATORIA:

A mi familia y amigos.
A mis padres por traerme hasta aquí.
Y para ti Esther porque uno más uno son tres.

ÍNDICE

1. LOS CONCEPTOS BÁSICOS DEL MANTENIMIENTO

Evolución de los métodos de mantenimiento

En los inicios de la explotación de los sistemas de transportes por ferrocarril y como consecuencia de la reducida velocidad de su tráfico, la conservación de la vía se fundamentaba en proporcionar la seguridad requerida por los vehículos para evitar su descarrilamiento y se centraba en corregir los defectos detectados en ella cuando su importancia podía hacerlos peligrosos, es decir, consistía en una reparación eventual en forma inmediata y se llevaba a efecto por el procedimiento llamado de *"puntada a tiempo"*.

Método que poseía un rendimiento poco elevado debido, precisamente, a su característica de improvisación al efectuar las correcciones necesarias.

No siendo factible realizar las reparaciones en forma sistemática, salvo en el caso de defectos evolutivos que pudieran tratarse en forma programada fuera de la auténtica finalidad del procedimiento, las correcciones parciales que se verificaban tendían a variar la homogeneidad de la superestructura de la vía dando lugar a desgastes rápidos de alguno de sus elementos, con la consiguiente necesidad de renovarlos prematuramente.

Este inconveniente, unido al apresurado crecimiento de la velocidad de los vehículos que circulaban por la vía, puso en evidencia la necesidad de tener en cuenta otros criterios de conservación más exigentes referentes a la comodidad del viajero, aparte de los ya citados concernientes a la seguridad de la circulación, llegándose a la conclusión de que era imprescindible aplicar unas revisiones periódicas consistentes en comprobar el estado de todos y de cada uno de los elementos de la vía y de actuar sobre ellos a intervalos de tiempo determinados con el fin de dejarla en un estado de eficacia lo más parecido posible a cuando estaba recién construida.

No obstante, al aplicar este nuevo método de conservación, no se tardó mucho en comprobar la necesidad de proporcionar frecuencias desiguales en las operaciones de reparación de los distintos elementos de la vía, actuando de modo que fueran adecuadas a las velocidades de degradación de cada uno de ellos y dando lugar al procedimiento de:

Conservación metódica o cíclica, consistente en esencia, en aplicar tales ciclos de puesta a punto de diferente frecuencia a la totalidad de los componentes de la vía, incluso a sus aparatos y a sus parámetros geométricos como la alineación y nivelación, decisión importante ya que el deterioro de una vía sometida a un tráfico intenso depende, en gran manera, del comportamiento de tales, condicionamientos geométricos.

Como resumen de lo expuesto sobre la conservación metódica podemos indicar que los lapsos de intervención deben hacerse variar con arreglo a la rapidez del deterioro de cada elemento de la vía, degradación que es función, a su vez, de las características de la propia vía y de las correspondientes al tráfico que posee. Algunos de estos elementos como carriles, traviesas, balasto, etc deben tener un período de intervención normal mientras otros precisan un período reducido como desvíos, travesías, aparatos de dilatación, nivelación, alineación, amolado de caras y de superficies activas, etc y tales períodos suelen venir definidos por factores diferentes como, por ejemplo, la velocidad del material móvil circulante o la carga por eje de este material.

Todo ello supone la existencia de un programa que fije las operaciones a realizar y la frecuencia de actuación para llevarlas a cabo y, como consecuencia, se obtiene la homogeneidad en la superestructura de la vía tratada.

Sin embargo, estas ventajas no han sido suficientes para seguir utilizando dicha conservación metódica ya que las mejoras técnicas introducidas en la vía y en el material móvil que circula sobre ella han llegado a hacer inoperantes algunos de sus principios de aplicación.

Al conjunto de operaciones que permiten garantizar la calidad de servicio de un sistema ferroviario, que está sometido durante su periodo de funcionamiento a los efectos de los agentes atmosféricos y a las acciones de los vehículos que circulan sobre él, de tal manera que pueda responderse con fiabilidad a las necesidades de tráfico establecidas, a través de los elementos constituyentes y de la estabilidad de los parámetros geométricos que los relacionan entre sí se le denomina de forma general mantenimiento.

Los objetivos generales que buscamos con el mantenimiento de la infraestructura ferroviaria son *garantizar la seguridad de las circulaciones, garantizar el confort del cliente, garantizar la regularidad de la explotación ferroviaria y prolongar la vida útil de los materiales* que la componen. Por lo tanto, cuando realizamos un buen mantenimiento estamos consiguiendo minimizar los riesgos de la explotación, optimizar la vida útil de la infraestructura, reducir la pérdida de valor patrimonial y disminuir la repercusión de futuras rehabilitaciones/renovaciones.

Por otro lado es importante tener claro el *Coste Global* de cualquier Infraestructura lo compone:

En fase previa a Explotación, tenemos los costes de proyecto y diseño y los costes de construcción. Y en fase de Explotación, aparecen los costes de mantenimiento, los costes de la Explotación y los costes de renovación/rehabilitación.

Curvas de comportamiento

El riesgo de fallo de una infraestructura en el tiempo viene definido por la curva conocida como de la bañera:

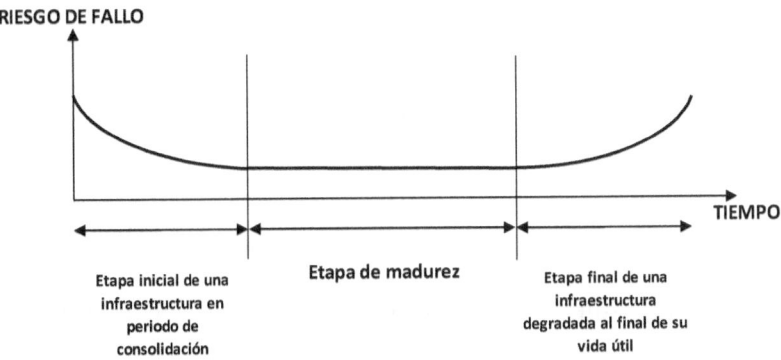

Es una gráfica que representa los fallos durante el período de vida útil de un sistema. Se llama así porque tiene la forma una bañera cortada a lo largo.

En ella se pueden apreciar tres etapas:

Fallos etapa inicial: esta etapa se caracteriza por tener una elevada tasa de fallos que desciende rápidamente con el tiempo.

Estos fallos pueden deberse a diferentes razones como equipos defectuosos, instalaciones incorrectas, errores de diseño del equipo, desconocimiento del equipo por parte de los operarios o desconocimiento del procedimiento adecuado.

Fallos normales: etapa con una tasa de errores menor y constante. Los fallos no se producen debido a causas inherentes al equipo o sistema, sino por causas aleatorias externas. Estas causas pueden ser accidentes fortuitos, mala operación, condiciones inadecuadas u otros.

Fallos de desgaste: etapa caracterizada por una tasa de errores rápidamente creciente. Los fallos se producen por desgaste natural del equipo o sistema debido al transcurso del tiempo.

Sin embargo, el comportamiento de una infraestructura en el tiempo varía de acuerdo a si se realiza o no mantenimiento, o si se produce una rehabilitación/renovación.

Comportamiento de la vida útil de la infraestructura sin realizar mantenimiento:

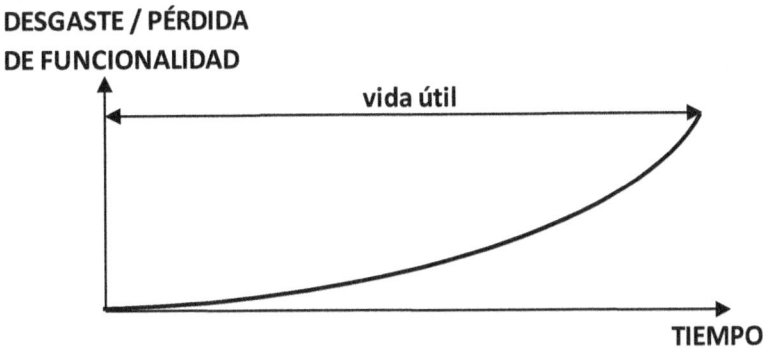

Comportamiento de la vida útil de la infraestructura realizando un mantenimiento continuo adecuado:

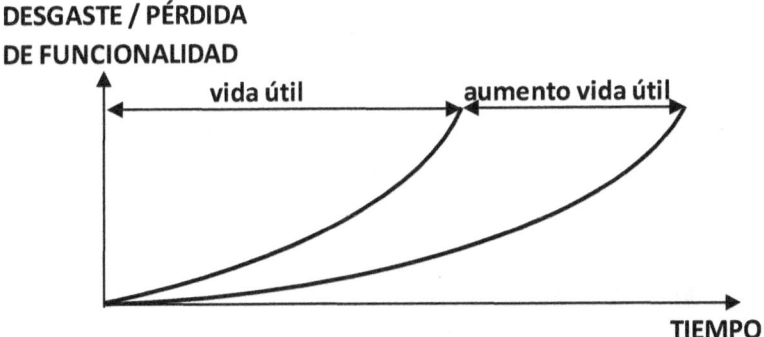

Comportamiento de la vida útil de la infraestructura realizando una renovación de vía en la que se produce un salto con un cambio de curva:

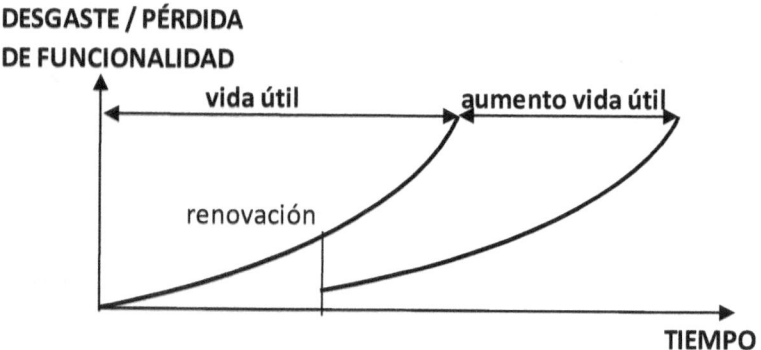

Tendencias actuales del Mantenimiento

En la actualidad se está tendiendo a la externalización de las operaciones de mantenimiento frente a medios propios.

Además se tiende a realizar un **Mantenimiento "según estado"**, con vigilancia continua, frente a mantenimiento cíclico o periódico.

Incorporar cada vez más los sistemas de información a la gestión del mantenimiento y recordad la importancia del premantenimiento, entendiendo como tal que el diseño y la construcción sean pensadas para obtener infraestructuras con alto nivel de mantenibilidad.

2. LA IMPORTANCIA DEL PREMANTENIMIENTO

En la *fase de diseño* de la infraestructura debemos tener en cuenta el coste de mantenimiento de las tipologías constructivas elegidas, estudiar la vida útil de los materiales empleados, recordad la importancia de los accesos a la traza a través de los caminos de servicio y por último obtener "feedback" para la mejora de los diseños a partir de las experiencias de la líneas en servicio.

En la *fase de construcción* será necesario una transmisión de la información a través de proyectos construidos "as built" fiables, inventarios de la infraestructura, identificación de los problemas presumibles durante la fase de explotación y posible diseño del sistema de gestión del mantenimiento.

3. MANTENIMIENTO DE LA PLATAFORMA

Introducción

El mantenimiento de la plataforma ferroviaria se divide en el *Mantenimiento preventivo*: Que incluye las operaciones de inspecciones periódicas de la plataforma, la limpieza de drenajes y accesos y los tratamientos herbicidas.

Y en el *Mantenimiento predictivo*: Que incluye las operaciones de instrumentación de obras de tierra, túneles y estructuras, el control de la evolución de los elementos de la plataforma.

Los dos objetivos básicos que se persiguen con estos dos tipos primeros de mantenimiento son minimizar el **Mantenimiento correctivo**, reduciendo los costes de mantenimiento y minimizar los riesgos a la explotación ferroviaria.

Mantenimiento preventivo

Los objetivos de las inspecciones son: conocer los elementos que la constituyen, estudiar su evolución, detectar y controlar los puntos conflictivos, analizar y proponer medidas correctoras en su caso, mantener actualizada la base de datos de plataforma.

Mediante las inspecciones obtenemos la necesidad de reparación de problemas puntuales de drenajes, cerramiento, cárcavas, etc.

Un listado de puntos singulares para su estudio específico o proyecto de reparación, con la identificación de problemas recurrentes, la necesidad de limpieza de cunetas y paseos.

Se han de definir la frecuencia de las inspecciones: el número de recorridos anuales de todos los elementos, en función de la velocidad de explotación y el tráfico de la línea.

Los medios utilizados son vehículos todoterreno, cámaras fotográficas, equipos de medida, equipos de telefonía móvil para comunicarse con el puesto de mando.

La metodología de las inspecciones es la siguiente:

Desmontes: presencia de cárcavas, grietas, estado de drenajes, cunetas, erosión, presencia de deslizamientos, estado de la Vegetación.

Terraplenes: presencia de cárcavas, grietas, estado de drenajes, cunetas, erosión, inestabilidades, estado de la vegetación, asientos en transiciones a obras de fábrica y transiciones desmonte-terraplén.

Cerramientos: roturas, pasos viciosos de personas o animales, estado de las puertas.

Caminos de servicio: estado, actualización de planos, problemas con propietarios.

Túneles: estado general, limpieza, presencia de grietas, abombamientos, presencia de agua, estado de las juntas.

Estado de **pasos superiores e inferiores.**

Obras de drenaje transversal: limpieza, arrastres, etc.

Dentro de la evaluación de las inspecciones :

Se elabora un parte de recorrido diario, incluyendo fotografías de los elementos con defectos o riesgo de evolución, evaluando la afección potencial a la explotación ferroviaria:

Riesgo alto: se deben poner inmediatamente en conocimiento de la jefatura de la base aportando posibles soluciones.

Riesgo medio: se notificarán verbalmente a la jefatura de la base sin necesidad de esperar al informe.

Riesgo bajo: en la ficha correspondiente del parte de recorrido se incluirá una recomendación para subsanar el defecto.

Mantenimiento correctivo

Las principales operaciones son:

Obras de tierra:

o   Reparación de cárcavas.

o   Contención de taludes: refuerzos de escolera, gunitados, bulonados.

o   Medidas de estabilidad: tendido de taludes, ejecución de nuevas bermas.

o Refuerzos de pie: Mediante escollera, muros de pie.

o Saneo y reparación de deslizamientos.

o Protección contra desprendimientos: mallas de guiado, barreras dinámicas.

o Medidas contra la erosión: tratamientos de revegetación, mallas geosintéticas.

Drenajes:

o Limpieza de drenajes.

o Reparaciones de bajantes, cunetas, cunetones ritchie y tubos.

o Aumento de secciones útiles.

o Ejecución de nuevos elementos como cunetas de pie, de coronación, bajantes.

Estructuras:

o Sellado de grietas.

o Reparación de juntas y roturas.

o Refuerzos estructurales.

Cerramientos y accesos:

○ Reparación de caminos y ejecución de nuevos caminos.

○ Reparación de cerramientos, barreras antivandálicas y puertas de acceso.

4. MANTENIMIENTO DE LA SUPERESTRUCTURA

Mantenimiento preventivo

El mantenimiento preventivo de la Superestructura incluye las siguientes operaciones:

o Sondeos de vía y aparatos.

o Tratamientos herbicidas de la caja de vía.

o Engrase y limpieza de aparatos.

o Auscultación de vía: geométrica, dinámica y maleta confort.

o Inspecciones visuales mediante recorridos a píe.

o Viajes en cabina.

El objetivo es minimizar el mantenimiento correctivo que implica un mayor coste de mantenimiento, y minimizar los riesgos a la explotación ferroviaria.

Los ***objetivos de las inspecciones*** son:

Conocer el estado de la vía, documentar su evolución, prever la necesidad de sustitución o reparación de material de vía, contrastar la calidad del mantenimiento efectuado por las contratas, analizar y proponer medidas correctoras en su caso, mantener actualizada la base de datos de actuaciones de vía e inspecciones de vía.

Mediante las inspecciones obtenemos:

o   La necesidad de sustitución o reparación de material deteriorado, tramos de carril para su amolado o aporte de balasto.

o   Listado de puntos singulares para análisis pormenorizado de la situación.

o   Identificación de problemas recurrentes.

La *metodología de las inspecciones* es la siguiente:

Balasto: calidad, perfilado, dimensiones de la banqueta, cepillado correcto, presencia de hierbas y degradación.

Traviesas: fisuras, golpes por maquinaria, distancia entre traviesas, escuadre correcto y asiento.

Carril: huellas, desgastes, estado de las soldaduras.

Sujeciones: correcta colocación, comprobación par de apriete cada 60m y estado general.

Anomalías en el *subbalasto* y *canaleta.*

Los trabajos a realizar por el personal responsable de la inspección y control de los materiales de la superestructura son:

De los carriles:

o   Inclinación.

o   Desgastes excesivos.

o   Aplastamientos.

o   Patinazos.

o   Roturas.

o   Soldaduras.

De las traviesas:

o   Posición y estado.

o   Fisuraciones y grietas, en especial en las zonas próximas a los agujeros de los tirafondos y además en las cabezas de las traviesas.

o   Traviesas consecutivas inútiles.

o   Corros de traviesas "bailadoras".

Del balasto:

o   Derrames.

o   Banquetas escasas.

o   Corros de traviesas "bailadoras".

o   Estado general.

De las sujeciones:

o   Sujeciones flojas.

o   Sujeciones inútiles: aquellas que parezcan desconsolidadas, rotas o pasadas de apriete.

De la geometría de la vía:

o Desplazamientos visibles de la vía: baches, garrotes en especial con altas temperaturas.

De las juntas:

o Aprietes de las sujeciones cercanas.

o Desgastes y el estado de éstas.

o Si tienen bridas, estado de éstas y de los tornillos.

Dentro de la evaluación de las inspecciones:

Se debe elaborar un parte de recorrido diario, incluyendo fotografías de los elementos con defectos o riesgo de evolución, evaluando la afección potencial a la explotación ferroviaria:

Riesgo alto: se deben poner inmediatamente en conocimiento de la jefatura de la base aportando posibles soluciones.

Riesgo medio: se notificarán verbalmente a la jefatura de la base sin necesidad de esperar al informe.

Riesgo bajo: en la ficha correspondiente del parte de recorrido se incluirá una recomendación para subsanar el defecto.

Realización de *sondeos de vía*:

Estos sondeos también se realizan para comprobar la calidad del trabajo efectuado por la contrata de mantenimiento en relación a la nivelación, alineación, ancho y peralte.

Este tipo de control también se realizará cuando se hayan ejecutado obras de infraestructura que puedan afectar a la calidad de la vía o como herramienta para localizar in situ e identificar un defecto como consecuencia de las auscultaciones geométrica y dinámica o avisos de maquinistas.

La **auscultación dinámica** de vía es un método indirecto de detección de defectos en la superestructura a través del estudio de las distintas aceleraciones que sufre un vehículo comercial en marcha. En el capítulo de calidad de la vía entraremos en profundidad en este tema.

Este sistema de información y detección de defectos puede ser perfectamente complementado con otros sistemas de información como pueden ser vehículos de auscultación geométrica, viajes en cabina y equipos de vigilancia a pie de vía.

Las condiciones de mantenimiento de la propia rama influyen sobre los resultados. Son las "condiciones de contorno" de la auscultación dinámica.

El punto kilométrico es aproximado, enrasada de forma manual o por medio de balizas magnéticas detectadas por el vehículo auscultador.

Para cada uno de los sistemas de auscultación se establecen unos umbrales que determinan las acciones preventivas sean de vigilancia o seguimiento, resolución programada ulteriores, a medio y largo plazo, o correctivas, a corto plazo o que han de llevarse a cabo con carácter urgente, es decir de forma inmediata.

Aceleración lateral en bogie:

o Defectos puntuales de geometría de ancho y peralte.

o Defectos de alabeo dinámico con asentamientos al paso de la circulaciones.

o Defectos puntuales en alineación conocidos por garrotes.

Aceleración vertical en caja de vehículo:

o Defectos de nivelación longitudinal de onda larga, normalmente asociados a elementos de infraestructura como terraplenes, bloques técnicos y zonas de transición.

Aceleración lateral en caja de vehículo:

o Defectos de alineación de onda larga.

o Defectos de peralte de ondas larga.

Normalmente está relacionado con la valoración de la aceleración sin compensar o sobreaceleración (confort del viajero).

Aceleración vertical en caja de grasas:

o Defectos de nivelación en uno o ambos hilos por soldaduras, o baches.

o Desgaste ondulatorio de onda larga.

o Rigidez de vía.

TIPO DE DEFECTO	SEGUIMIENTO	ACTUACIÓN PROGRAMADA	ACTUACIÓN URGENTE
Aceleración lateral de bogie	2 m/s2	4 m/s2	6 m/s2
Aceleración vertical caja de grasa	30 m/s2	50 m/s2	70 m/s2
Aceleración lateral caja de vehículo	1,5 m/s2	2 m/s2	2,5 m/s2
Aceleración vertical caja de vehículo	1 m/s2	2 m/s2	2,5 m/s2

Los umbrales de las tabla son un ejemplo para una línea de Alta Velocidad. Estos límites son función de la velocidad de explotación de la línea, de tal manera, que umbrales más bajos implican mayor velocidad. Los valores de las aceleraciones aumentan con la velocidad.

SEGURIDAD	Ac. lateral de bogíe.
CONFORT	Ac. laterales y verticales de caja de vehículo.
FATIGA MATERIALES	Ac. verticales en caja de grasas.

Mantenimiento correctivo

Las principales operaciones a realizar a partir de las auscultaciones son la siguientes:

Reparaciones y sustituciones de material de vía:

Carril: recargue eléctrico, amolado de carril, sustitución de cupones, sustitución de barra larga. Reparación o sustitución de soldaduras.

Traviesas y sujeciones: sustitución de traviesas, bateo de traviesas "bailadoras", sustitución de pequeño material, apretado de sujeciones, rectificación de ancho de vía.

Balasto: restitución de perfil de banqueta de balasto y compactado de éste, estabilización dinámica de vía, depuración y desguarnecido

Aparatos de vía: reglaje y reparación de desvíos, travesías y aparatos de dilatación

Restituciones de la geometría de la vía:

Nivelación: restitución de la geometría mediante vertido de balasto, bateo, perfilado y estabilizado de vía.

Alineación: restitución de la geometría mediante vertido de balasto, bateo, perfilado y estabilizado de vía.

A continuación se muestra una tabla con la Tolerancias (mm), según el tipo de defecto y la velocidad:

CONCEPTO	VELOCIDAD MÁXIMA DE CIRCULACIÓN									
	V < 120		*120 < V < 160*		*160 < V < 200*		*200 < V < 250*		*V > 250*	
ALINEACIÓN	20		19		18		17		16	
NIVELACIÓN	-9	+10	-8	+10	-7	+10	-6	+10	-5	+10
PERALTE	-4	+4	-3	+4	-2	+2	-1	+1	-1	+1

Maquinaria pesada de vía

La maquinaria pesada de vía que se utiliza habitualmente en los mantenimientos ferroviarios tienen diversas funciones que a continuación se analizan para cada tipo de máquina, estableciendo sus rendimientos, tipologías y qué función tiene su uso sobre las vías en las que estamos actuando.

La bateadora

Las maquinas bateadoras son las encargadas de batear, nivelar y alinear la vía. La acción de batear se define como la acción de introducir balasto bajo las durmientes o traviesas, para obtener una consolidación optima y además obtener el mínimo volumen posible.

Para realizar el bateo la máquina introduce dentro de la capa de balasto sus brazos que terminan en una especie de uñas, las cuales vibran con una frecuencia y se mueven en dirección a los durmientes o traviesas haciendo que el material sea compactado debajo de cada traviesa.

Las bateadoras se pueden dividir:

Bateadora de línea: Son diseñadas para batear vía de corrida, no desvíos, con traviesas en una posición fija respecto a los carriles. existen bateadoras de línea que tienen que parar para batear bajo la traviesa o pareja de traviesas, luego arrancan y avanzan hasta la traviesa o pareja de traviesas siguiente, bateando en la nueva posición y así sucesivamente.

En cambio, otras bateadoras más modernas no necesitan interrumpir su marcha mientras trabajan, ya que independizan el avance de la máquina, a velocidad constante, de la posición y avance de los grupos de bateo.

El bateo en cada traviesa o pareja de traviesas se produce mientras la máquina avanza y cuando los grupos de bateo se elevan, tras el bateo, avanzan rápidamente (a mayor velocidad que la bateadora) para situarse en la nueva posición correspondiente a la traviesa o pareja de traviesas siguiente. Estas últimas bateadoras de línea se denominan "de avance continuo". Un ejemplo de este tipo de bateadoras son la serie 09 de Plasser & Theurer.

Bateadoras de desvíos: La peculiaridad de los desvíos, con cuatro carriles y piezas especiales (corazón y contracarriles) exige que los grupos de bateo deban actuar en posiciones variables respecto al eje de la vía según va avanzando la bateadora.

Por ello, los grupos de bateo se dotan de la capacidad de actuar en estas diferentes posiciones, bien mediante su desplazamiento transversal a la vía, bien mediante su inclinación con centro de giro a gran altura.

Por otra parte, se les dota también, a estos grupos de bateo, de la posibilidad de introducir una sola pareja de bates, para los casos de estrechamientos u obstáculos en que no es posible introducir las dos. Ello se consigue pivotando la otra pareja de bates o juntando los bates.

En caso de pivoteamiento, éste se puede hacer transversal o longitudinalmente a la vía, siendo preferible transversalmente para que los bates levantados no imposibiliten la penetración de los previstos utilizar, al poder contactar con obstáculos en el área de trabajo, como es el caso de 2 traviesas unidas, estrechamiento aguja-contraaguja, zona del corazón, accionamientos, etc.

Si existen 4 parejas de bates pueden levantarse 1, 2 ó 3 parejas. Si bien siempre que es posible se debe actuar en parejas para compactar adecuadamente el balasto bajo la traviesa, al existir puntos tales como traviesas unidas, accionamientos, canalizaciones de cables, estrechamientos en talón de agujas y extremos del corazón, donde no puede aplicarse dicho criterio, debe batearse sólo un extremo, incluso con un solo bate, pivotante los otros tres o con dos bates unidos, anulando la vibración de los otros dos y actuando en sentido inverso, y en el caso de no ser posible ninguna de estas opciones batear manualmente.

Clasificación de bateadoras de acuerdo a sus prestaciones según *RENFE N.R.V. 7-1-5.1.*

CLASIFICACIÓN Y REQUISITOS DE LAS BATEADORAS DE LÍNEA

CONSIDERACIONES GENERALES

Atendiendo a las características esenciales que definen el desplazamiento y trabajo (calidad y rendimiento operativo) de las bateadoras de línea, éstas se clasifican en tres categorías. A continuación, se detallan los requisitos mínimos que se han de cumplir para obtener la calificación de 1°, 2° o 3° de estas categorías.

BATEADORAS DE LÍNEA DE 1° CATEGORÍA

Vienen definidas por los siguientes requisitos:

• Bateadora de avance continuo.

• Velocidad de desplazamiento autopropulsada $\geq$ 100 km/h.

• Rendimiento medio mínimo por hora de trabajo: 1.500 m.

• Bases de medición $\geq$ 20 m para alineación y $\geq$ 14 m para nivelación.

• Distancia entre ejes interiores ≥ 11 m junto con la condición de disponer de limitadores que impidan realizar levantes y ripados superiores a 70 mm.

• Grupos de bateo: 16 bates por traviesa.

• Dotada de:

o Sistema de trabajo con referencia absoluta y punto fijo (visor o láser).

o Sistema de guiado asistido por ordenador, con auscultación previa y optimización informática de la geometría.

• Haber pasado la inspección técnica conforme al apartado 6 da la N.V.R. 7-1-5.1.

• No tener las palas de los bates un desgaste superior al 25% de su superficie nueva.

BATEADORAS DE LÍNEA DE 2º CATEGORÍA

Vienen definidas por los siguientes requisitos:

• Velocidad de desplazamiento autopropulsada ≥ 80 km/h.

• Rendimiento medio mínimo por hora de trabajo: 1.000 m.

• Bases de medición ≥ 20 m para alineación y ≥ 14 m para nivelación.

• Distancia entre ejes interiores $\geq$ 9 m junto con la condición de disponer de limitadores que impidan realizar levantes y ripados superiores a 70 mm.

• Grupos de bateo: 16 bates por traviesa.

• Dotada de los mismos sistemas y registros que los exigidos a las bateadoras de línea de 1ª categoría.

• Haber pasado la inspección técnica conforme al apartado 6 da la N.V.R. 7-1-5.1.

• No tener las palas de los bates un desgaste superior al 25% de su superficie nueva.

BATEADORAS DE LÍNEA DE 3º CATEGORÍA

Vienen definidas por los siguientes requisitos:

• Velocidad de desplazamiento autopropulsada $\geq$ 60 km/h.

• Rendimiento medio mínimo por hora de trabajo: 700 m.

• Bases de medición $\geq$ 16 m para alineación y $\geq$ 10 m para nivelación.

• Distancia entre ejes interiores $\geq$ 8 m junto con la condición de disponer de limitadores que impidan realizar levantes y ripados superiores a 80 mm.

• Dotada de sistema de trabajo con referencia absoluta y punto fijo (visor o láser) y

• automático en base relativa.

• Haber pasado la inspección técnica conforme al apartado 6 da la N.V.R. 7-1-5.1.

• No tener las palas de los bates un desgaste superior al 25% de su superficie nueva.

BATEADORAS DE DESVÍOS

CONSIDERACIONES GENERALES

De modo análogo a lo expuesto en para bateadoras de línea, las bateadoras de aparatos de vía, en función de las características y parámetros exigibles, son clasificadas en las tres categorías que se recogen a continuación.

BATEADORAS DE DESVÍOS DE 1º CATEGORÍA

Su principal característica es que al batear la vía directa pueden levantar y batear el carril más alejado de la vía desviada, evitando así que al entrar a batear esta última en la zona de traviesas largas (zona del cruzamiento y anterior, o zona común en escapes) el desvío pueda bascular transversalmente, razón por la que además de levantar ese tercer carril, cuando la máquina actúa sobre la vía directa, debe batearse bajo el mismo.

Vienen definidas por los siguientes requisitos:

• Velocidad de desplazamiento autopropulsada ≥ 90 km/h.

• Bases de medición ≥ 20 m para alineación y ≥ 14 m para nivelación.

• Distancia entre ejes interiores ≥ 12 m junto con la condición de disponer de limitadores que impidan realizar levantes y ripados superiores a 70 mm.

• Levante de 3er carril sincronizado automáticamente con el sistema de nivelación de la máquina y con avance y retroceso preferiblemente sincronizado con el avance y retroceso de la máquina.

• Grupos de bateo: 16 bates por traviesa.

• El grupo exterior de bateo debe poder batear hasta una distancia ≥ 2,80 m del eje de la vía directa, para alcanzar a batear por la parte interior del 4º hilo de la cacha más larga de cualquier desvío o escape (desviada por su parte interior).

• Dotada de los mismos sistemas y registros que los exigidos a las bateadoras de línea de 1ª categoría.

• Haber pasado la inspección técnica conforme al apartado 6 da la N.V.R. 7-1-5.1.

• No tener las palas de los bates un desgaste superior al 25% de su superficie nueva.

BATEADORAS DE DESVÍOS DE 2° CATEGORÍA

Se caracterizan fundamentalmente por ser máquinas en las que se recomienda, aunque no se obliga, que dispongan de dispositivo para levantar (no batear) el carril más alejado de la vía desviada cuando se batea la vía directa.

Vienen definidas por los siguientes requisitos:

• Velocidad de desplazamiento autopropulsada $\geq$ 80 km/h.

• Bases de medición $\geq$ 20 m para alineación y $\geq$ 14 m para nivelación.

• Distancia entre ejes interiores $\geq$ 9 m junto con la condición de disponer de limitadores que impidan realizar levantes y ripados superiores a 70 mm.

• En caso de disponer de levante del 3er carril, éste estará sincronizado automáticamente con el sistema de nivelación de la máquina y su avance y retroceso será de cada 4 traviesas como máximo, siendo preferible esté sincronizado con el avance y retroceso de la máquina.

• Dotada de los mismos sistemas y registros que los exigidos a las bateadoras de línea de 1ª categoría.

• Grupos de bateo: 16 bates por traviesa.

• Haber pasado la inspección técnica conforme al apartado 6 da la N.V.R. 7-1-5.1.

• No tener las palas de los bates un desgaste superior al 25% de su superficie nueva.

BATEADORAS DE DESVÍOS DE 3° CATEGORÍA

Vienen definidas por los siguientes requisitos:

• Velocidad de desplazamiento autopropulsada $\geq$ 60 km/h.

• Bases de medición $\geq$ 16 m para alineación y $\geq$ 10 m para nivelación.

• Distancia entre ejes interiores $\geq$ 8 m junto con la condición de disponer de limitadores que impidan realizar levantes y ripados superiores a 80 mm.

• Dotada de sistema de trabajo con referencia absoluta y punto fijo (visor y láser) y automático en base relativa.

• Haber pasado la inspección técnica conforme al apartado 6 da la N.V.R. 7-1-5.1.

• No tener las palas de los bates un desgaste superior al 25% de su superficie nueva.

Marca	Modelo	Tipo	Ancho de vía (mm)	Velocidad (Km/h)		Fuerza		Nro. de Bates	Frecuencia (Hz)	Rendimiento (m/h)
				Autopropulsado	Remolcada	Levante	Ripado			
Matisa	B 20-75 C	Ligeras	1000 - 1676	80	100	2 x 100 kN	100 kN	8	42	300
Matisa	B 20-95 C	Ligeras	1000 - 1676	80 a 100	100	2 x 100 kN	100 kN	8	42	300
Matisa	B 38 C	Ligeras	1000 - 1676	40 a 60	80	2 x 100 kN	100 kN	8	42	300
Plasser & Theurer	Unimat Compact 08 - 3S	Universales	1000, 1435 y 1668	80	80	-	-	16	35	400
Matisa	B 20-75 A4	Ligeras	1000 - 1676	80	100	2 x 100 kN	100 kN	8	42	500
Matisa	B 20-75 A8	Ligeras	1000 - 1676	80	100	2 x 100 kN	100 kN	16	42	500
Matisa	B 20-75 AC	Ligeras	1000 - 1676	80	100	2 x 100 kN	100 kN	8	42	500
Matisa	B 20-95 A4	Ligeras	1000 - 1676	80 a 100	100	2 x 100 kN	100 kN	8	42	500
Matisa	B 20-95 A8	Ligeras	1000 - 1676	80 a 100	100	2 x 100 kN	100 kN	16	42	500
Matisa	B 20-95 AC	Ligeras	1000 - 1676	80 a 100	100	2 x 100 kN	100 kN	8	42	500
Matisa	B 38 AC	Ligeras	1000 - 1676	40 a 60	80	2 x 100 kN	100 kN	8	42	500
Matisa	B 45 UE	Universales	1000 - 1676	100	100	2 x 100 kN	125 kN	16	42	650
Matisa	B 45 A8	De Línea	1000 - 1676	100	100	2 x 110 kN	150 kN	16	42	650
Matisa	B 41 UE	Universales	1000 - 1676	100	100	2 x 125 kN	125 kN	16	42	680
Matisa	B 66 U	Universales	1435 - 1676	100	100	2 x 125 kN	125 kN	16	42	680
Matisa	B 50 A8	De Línea	1000 - 1676	80	100	2 x 110 kN	150 kN	16	42	800
Matisa	B 66 UC	Universales	1435 - 1676	100	100	2 x 125 kN	125 kN	16	42	950
Plasser & Theurer	09 - 32 CSM	De Línea	1435	90	100	2 x 125 kN	150 kN	32	35	1100
Plasser & Theurer	09 - 32 CSM Pesada	De Línea	1435	90	100	3 x 125 kN	151 kN	32	35	1100
Matisa	B 45 D	De Línea	1000 - 1676	100	100	2 x 110 kN	150 kN	32	42	1200
Matisa	B 50 D	De Línea	1435 - 1676	100	100	2 x 110 kN	150 kN	32	42	1600

La perfiladora

La función de la perfiladora es formar la sección tipo del balasto, para tal fin, cuenta con cuchillas laterales y centrales y además tiene unos cepillos traseros para quitar el exceso de balasto.

Los arados laterales perfilan el flanco de la banqueta, es decir, crean el ángulo correcto del talud. Los arados laterales arrastran el balasto hacia la zona superior en dirección a la corona de la banqueta. El arado central recoge el balasto y lo distribuye según la posición de las chapas guía. A continuación una instalación de barrido retira las piedras que hayan quedado depositadas sobre las traviesas.

Este balasto sobrante o bien se descarga lateralmente o en aras de una mayor rentabilidad se transporta a una tolva de almacenamiento a través de una cinta transportadora. El balasto almacenado queda disponible para su distribución en zonas con falta de balasto.

A continuación se muestra un tabla con las perfiladoras más habituales y sus características más importantes:

Marca	Modelo	Ancho de vía (mm)	Velocidad (Km/h)		Capacidad de Silo (m3)	Velocidad (Km/h)		Rendimiento (m/h)
			Autopropulsado	Remolcada		Perfilado	Cepillado	
Matisa	R20	1000 - 1676	80	80	5	15	3	-
Matisa	R21	1000 - 1676	100	100	5	15	3	-
Matisa	R24	1435 - 1676	100	100	10	15	6	-
Plasser & Theurer	SSP90	1435 - 1668	80	80	-	-	-	400
Plasser & Theurer	PBD - 110	1436 - 1668	90	90	4.5	-	-	700
Plasser & Theurer	SSP100	1435	80	80	-	-	-	400

El estabilizador

El estabilizador dinámico se emplea para asentar la posición de una vía bateada o perfilada simulando un cierto nivel de tráfico ferroviario. La frecuencia que usa el estabilizador va entre el intervalo de 0 a 45 Hz, siendo la frecuencia estándar 30 Hz.

Los grupos de estabilización se presionan firmemente contra ambos carriles. Vibradores de masas excéntricas generan una vibración horizontal en dirección transversal a la vía. Esta vibración se transmite a la banqueta y provoca que las piedras de balasto se reordenen, prácticamente sin esfuerzo, en una estructura más compacta. El asentamiento del emparrillado resultante se controla a través de la carga vertical. La estabilización dinámica de vía realiza los asentamientos iniciales necesarios de manera dirigida y controlada. La reserva de calidad de la vía aumenta, la posición de la vía es más duradera. Además se eleva la resistencia lateral.

Inmediatamente después de la colocación de una vía nueva e igualmente tras un bateo o un desguarnecido, las piedras de balasto no están compactadas y, por ello, no se encuentran en una posición estable. Hasta 1973, sobre este tipo de vía los trenes debían circular a velocidades reducidas durante algún tiempo.

El primer DGS era una máquina de dos ejes sin accionamiento propio; le siguió una versión de tres ejes, compuesta por una máquina principal de dos ejes y una unidad de accionamiento de un solo eje. El siguiente paso lo supuso el desarrollo de un modelo de DGS de cuatro ejes, que se inició bajo la denominación de DGS 42 N y consistía en una máquina principal de dos ejes con vehículo tractor de dos ejes también; después se pasó al DGS 62 N, una máquina ferroviaria reglamentaria de cuatro ejes y 60 toneladas, cuyo concepto básico sigue estando vigente a día de hoy.

Modo de trabajo del DGS. Tanto en el estabilizador dinámico DGS 62 N como en las máquinas de vía con estabilización dinámica integrada, el núcleo de la tecnología lo conforman los grupos de estabilización, que van agrupados por parejas. Cada grupo de estabilización dispone de dos rodillos guía y un rodillo de apriete por cada hilo de carril, que agarran y sujetan la parrilla de vía durante el avance continuo de la máquina.

Unos engranajes excéntricos de movimiento síncrono producen una vibración horizontal (transversal al eje de vía), que es transmitida a la vía y después al lecho de balasto. La frecuencia de oscilación del accionamiento de vibración hidrostático es regulable entre los 0 y los 42 Hz.

Estas vibraciones horizontales, en combinación con la carga vertical, recolocan y juntan de forma dinámica y prácticamente libre de fuerzas las piedras de balasto.

Se produce una homogeneización del lecho de balasto, la vía se asienta de modo regular, aumenta la resistencia lateral y con ello la estabilidad de la posición de vía. Simultáneamente, se ejerce una carga vertical sobre los grupos de estabilización.

La conjunción entre las vibraciones horizontales y la carga vertical se produce el efecto de "estabilización dinámica".

La estabilización dinámica de vía se puede integrar sin problemas en otras máquinas de vía de trabajo continuo. La primera máquina con estabilización dinámica integrada fue la 09-Dynamic, en la que ya en 1991 se procedió a combinar esta función con el bateo y el perfilado del lecho de balasto.

Otros ejemplos de éxito en el ámbito de las bateadoras lo conforman las dos bateadoras con estabilización dinámica integrada Dynamic Stopfexpress 09-3X y Dynamic Stopfexpress 09-4X así como las bateadoras universales Unimat 09-16/4S Dynamic y Unimat 09-32/4S Dynamic.

Las máquinas perfiladoras del lecho de balasto también son ideales para integrar la función de estabilización dinámica de vía y las máquinas desguarnecedoras de alto rendimiento también pueden ser equipadas con grupos de estabilización dinámica, lo que demuestran los modelos RM 801-2 o RMW 1500, trabajando desde hace varios años y con mucho éxito en Alemania, o la RM 2003 de la Union Pacific en EE.UU.

A continuación se muestra un tabla con las perfiladoras más habituales y sus características más importantes:

Marca	Modelo	Ancho de vía (mm)	Velocidad (Km/h)		Frecuencia (Hz)	Carga Vertical (kN)	Fuerza Centrífuga (kN)	Rendimiento (m/h)
			Autopropulsado	Remolcada				
Plasser & Theurer	DGS 62 N	1435 - 1668	90	100	0 - 45	240	355	1100

La desguarnecedora

Las máquinas desguarnecedoras retiran el balasto por debajo de la traviesa, a través de una serie de cintas sin fin, pudiendo llevar el material extraído a una criba para su reutilización o sacarlo fuera de la vía para su eliminación sin necesidad de desmontar el emparrillado. Su corazón son potentes cadenas de excavación, que excavan el balasto contaminado y simultáneamente preparan la explanación para el balasto nuevo.

El balasto se limpia en grandes cribas oscilantes con varios niveles de cribado, que proporcionan una calidad óptima. El balasto limpio se reintroduce a la vía inmediatamente después de la cadena de excavación. Los residuos de la limpieza se entregan a una instalación de traslado y transporte de detritos.

Desguarnecedora C 75

La desguarnecedora – cribadora Matisa C 75 es una maquina con una dimensión razonable a muy alto rendimiento.

Su longitud de 34,6 metros le permite asegurar una capacidad de trabajo de 800 m3/h en cribado y de más de 1.000 m3 en excavación total.

Gracias a su rapidez de puesta en marcha, la C 75 puede ser utilizada en intervalos cortos asegurando el avance de la obra por su alto rendimiento desarrollado durante el trabajo

La desguarnecedora - cribadora C 75 puede ser puesta en marcha sin comprometer el galibo de trabajo lado entrevía y su dimensión limitada garantiza una gestión logística fácil permitiéndole generalmente aparcar cerca de la obra.

La utilización de componentes Standard facilita el mantenimiento de la C 75 y reduce los costes asegurando una disponibilidad máxima. Los órganos de trabajo de la desguarnecedora–cribadora C 75 son a la vez robustos y flexibles permitiendo la optimización del trabajo en función de las especificaciones de cada obra.

Desguarnecedora C 47

La desguarnecedora - cribadora Matisa C 47 es una máquina de pequeña dimensiones preparada para intervenciones localizadas y/o para redes con características particulares tales como ancho estrecho, fuertes pendientes, galibo cinemático reducido etc. De una longitud de 19,2 metros, la desguarnecedora – cribadora C 47 aseguran una capacidad de trabajo de aproximadamente 120 m3/h.

La desguarnecedora - cribadora C 47 puede ser puesta en marcha sin comprometer el galibo de trabajo y su dimensión limitada garantiza una gestión logística fácil permitiéndole generalmente aparcar cerca de la obra.

La utilización de componentes Standard facilita el mantenimiento de la C 47 y reduce los costes asegurando una disponibilidad máxima.

Los órganos de trabajo de la desguarnecedora – cribadora C 47 son a la vez robustos y flexibles permitiendo la optimización del trabajo en función de las especificaciones de cada obra. En el punto de vista estructural, la desguarnecedora – cribadora de alto rendimiento Matisa C 47 está compuesta de una unidad sobre 2 bogies reagrupando todos los equipos de trabajo y circulación.

La criba a oscilaciones libres asegura un alto rendimiento así como una excelente calidad de cribado gracias a la gran cantidad de energía aportada por la frecuencia y la amplitud de las vibraciones.

Sus 3 pisos de rejas intercambiables permiten adaptarse a todas las granulometrías de balasto y canales de recuperación.

La vibración de la criba está asegurada por dos contrapesos excéntricos y su suspensión a la maquina está realizada por 4 grupos de resortes helicoidal que registran poco efecto de amortiguación. Un sistema de frenado eléctrico muy eficiente permite parar rápidamente la criba.

La cadena excavadora excava el balasto bajo la vía y lo encamina hacia la criba receptora con el fin de descargarlo sobre la cinta principal. Su concepción modular asegura una gran libertad en el modo trabajo.

En efecto, el frente de ataque puede variar por una parte gracias a un sistema telescópico comandado hidráulicamente y por otra parte basándose en un juego de canaletas horizontales de diferentes longitudes.

La cadena excavadora está comandada en profundidad y peralte con el fin de controlar la geometría de la vía en todas sus condiciones, incluido el contraperalte. La concepción optimizada del canal horizontal permite reducir el levante de la vía al mínimo, disminuyendo así las tensiones en los raíles.

La reposición en vía del balasto está concebida de manera modular para facilitar su optimización según las especificaciones de cada obra y de cada método de trabajo.

El ciclo automático de parada y de arranque de los órganos de trabajo (cadena, cintas, cribas…etc) aseguran una excelente regularidad de esta distribución en todas las condiciones. A la salida de la criba, el balasto depurado es recogido por La (s) cinta(s) de distribución a geometría variable que lo deposita (an) delante del carro de rebalasto. En el caso de la C 75 Esta última es telescópica para adaptarse al flujo de balasto y forma una unidad con la pinza trasera que asegura el posicionamiento correcto de la vía en función de las consignas del sistema de guiado, con el fin de minimizar las intervenciones de otras máquinas antes de liberar la vía. La C 47 no dispone de pinza trasera y el carro de rebalasto está formado de 2 pequeñas unidades fijas.

El balasto muy desgastado es recogido por la cinta de detritus orientable que lo deposita delante de la maquina en todo tipo de vagón contenedor o sobre el lado de la vía.

A continuación se muestra un tabla con las perfiladoras más habituales y sus características más importantes:

Marca	Modelo	Ancho de vía (mm)	Radio mínimo (m)		Velocidad (Km/h)		Espacio entre traviesas - Fondo de arrastre (mm)
			en trabajo	en circulación	Autopropulsado	Remolcada	
Matisa	C47	950 - 1676	100	60	60	80	>210
Matisa	C75	1435 - 1676	250	150	80	100	>300

5. PLANIFICACIÓN Y ORGANIZACIÓN DEL MANTENIMIENTO

Metodología de trabajo

Para la correcta planificación de las tareas de un mantenimiento ferroviario podemos dividir en varias fases la metodología de trabajo a seguir:

1.- *Detección del defecto*

La detección del defecto vendrá determinado por:

o   Inspecciones visuales.

o   Sondeos de vía y aparatos.

o   Auscultación de vía.

o   Viajes en cabina.

2.- Diagnóstico

Determinado por dos aspectos importantes:

o   Localización del defecto. Inspección y topografía.

o   Identificación de las causas.

3.- Estudio de medidas

Realización de un estudio que determine las medidas a adoptar:

o   Determinación de medidas correctoras.

o   Determinación de grado de urgencia.

o   Identificación de recursos necesarios para su resolución.

4.- Programación de trabajos

Determinación de la importancia del defecto:

o   Urgentes (Inmediato).

o   A corto plazo (Programado).

o   A medio/largo plazo (Seguimiento.)

Definición de los intervalos de trabajo, horario, zona de actuación, cortes de tensión, etc.

Recursos necesarios/disponibles:

o Con medios propios.

o A realizar por contratas.

o Inversiones microproyectos para la mejora de la infraestructura.

6. RENOVACIÓN Y REHABILITACIÓN DE VÍA

Definición de conceptos

Se entiende como renovación de vía a los trabajos que abarcan las operaciones correspondientes a la sustitución de la superestructura y aquellos otros destinados, por una parte, a adecuar la infraestructura a las necesidades de la vía renovada y, por otra, a resolver los problemas que haya ocasionado la existente.

Es necesario acometer una renovación de vía cuando el desgaste de los materiales impide conservar las condiciones mínimas exigibles de explotación por métodos convencionales de mantenimiento para adecuar la infraestructura a nuevas exigencias de la explotación como es la velocidad de explotación de la infraestructura, el confort de los viajeros y seguridad.

Por el contrario se entiende por rehabilitación de vía los trabajos que abarcan las operaciones correspondientes a la sustitución parcial de elementos de la superestructura.

Es necesario acometer una rehabilitación de vía cuando no es necesaria una renovación integral para conservar las condiciones mínimas exigibles de explotación por métodos convencionales de mantenimiento o cuando no hay presupuesto para realizar una renovación.

Operaciones que abarcan una renovación ferroviaria

Las operaciones que comprenden una renovación de vía son las siguientes:

La renovación de materiales de la superestructura, como pueden ser la sustitución del balasto contaminado, cambio de traviesas, sustitución de carril, nuevas dimensiones de la banqueta o sustitución de desvíos y aparatos de vía.

Mejora del trazado en planta mediante la introducción de curvas de transición, aumento de los radios existente mediante variantes y la adecuación de los peraltes a las nuevas velocidades.

Mejora del perfil longitudinal rectificando las pendientes y acuerdos existentes.

Mejoras de la plataforma mediante obras de ampliación a mejora de drenajes tanto longitudinal como transversal, obras de adecuación de la plataforma a los nuevos parámetros geométricos, etc.

7. EVALUACIÓN DE LA CALIDAD DE LA VÍA

Introducción

Los vehículos ferroviarios deben de diseñarse para que los esfuerzos que transmitan a la vía queden dentro de unas tolerancias admisibles y, además, que los viajeros experimenten un confort aceptable.

El confort de un viajero en cualquier transporte queda configurado por un conjunto de factores que son: el espacio físico disponible; el confort ambiental determinado por humedad y temperatura del interior del vehículo; el confort acústico, definido por el nivel de ruido percibido y, finalmente, el nivel de vibraciones que soporta el viajero.

Este último aspecto está ligado directamente al confort de la marcha.

A través de la experiencia de la las líneas ferroviarias en explotación de ha determinado que la calidad de la vía se puede definir por los siguientes parámetros:

Nivelación transversal entre ambos hilos de carril: Establece la diferencia de cota existente entre las superficies de rodadura de los hilos de carril en una sección normal al eje de la vía.

Nivelación longitudinal de cada hilo de carril: Define las variaciones de cota de la superficie de rodadura de cada hilo de carril, respecto a un plano de comparación.

Alineación de la vía: Representa la distancia en planta de cada hilo de carril respecto de la alineación teórica.

Ancho de vía: Parámetro que determina la distancia existente entre las caras activas de los carriles, medido a 14 mm por debajo del plano de rodadura.

Alabeo: deformación de la alineación de la vía por pandeo de carriles. (Se expresa en mm/m y depende del empate de los distintos bogies).

Los defectos de nivelación transversal afectan al balanceo de los vehículos. Los defectos de nivelación longitudinal afectan al movimiento de galope de los vehículos. Las irregularidades en el ancho afectan al movimiento transversal o de lazo de los vehículos. Por último, un problema de alabeo puede ser causante del descarrilamiento de los vehículos ferroviarios.

El deterioro de la vía en el tiempo se produce por las solicitaciones que sufre ante el paso de las circulaciones. Este tráfico tiene una incidencia en los elementos que componen la superestructura ferroviaria que determinan la calidad geométrica de la misma.

El carril es el elemento de la vía que sufre de manera más acusada este deterioro causado por el patinazo de la ruedas en los arranques y frenazos, el daño sufrido por el vuelo de las piedras de balasto en líneas de alta velocidad que implican mantener un perfilado de vía muy exigente.

Auscultación geométrica

La auscultación geométrica de vía consiste en la medición, análisis y ponderación de parámetros geométricos y dinámicos de la vía y de desgaste del carril, que permiten identificar los defectos puntuales a corregir a corto plazo, así como cuantificar la calidad y el estado de la vía y de los componentes de ésta.

La auscultación geométrica mediante los instrumentos de medida y a través de varios canales, proporciona un registro gráfico de los parámetros de: nivelación longitudinal, nivelación transversal, alabeo, peralte, alineación, curvatura, ancho de vía y desgaste del carril; donde las señales obtenidas, filtradas digitalmente y descompuestas en sus diferentes longitudes de onda, representan la diferencia entre la geometría real del parámetro en cuestión y una geometría teórica perfecta.

Por lo que las amplitudes de las señales proporcionan el tamaño de los defectos de los parámetros correspondientes. A menor amplitud, menor será el defecto del parámetro.

Debido a motivos técnicos existe una velocidad mínima de auscultación por debajo de la cual la medida queda distorsionada.

Desde el punto de vista de la explotación ferroviaria el estado de la geometría de la vía no significa mucho si no se relaciona con la prestación que se exige de la vía, por lo que se establecen unos valores máximos admisibles para los defectos, en los que se tiene en cuenta la clase de línea y la velocidad máxima de cada trayecto.

Siendo el estado de la vía satisfactorio si el valor medido es inferior a éste, o insatisfactorio en caso contrario. Estos valores máximos admisibles se denominan "Umbrales de intervención correctiva".

De los resultados obtenidos en una auscultación geométrica se pueden realizar tres tipos de análisis numéricos con objetivos diferentes:

o Identificación de los defectos puntuales de tratamiento urgente.

o Calidad de vía como camino de rodadura.

o Superficie de rodadura, desgaste de carril, conjunto traviesa sujeción.

Identificación de los defectos puntuales de tratamiento urgente

La identificación de los defectos aislados que pueden, potencialmente, causar un accidente a corto o medio plazo incide fundamente en *la seguridad* de la circulación, y se consigue con el análisis de los valores extremos (picos) de los siguientes parámetros:

PARÁMETRO MEDIDO	PARÁMETRO CALCULADO
Nivelación longitudinal	Nivelación longitudinal onda corta
Nivelación transversal	Nivelación transversal onda corta
Alabeo	Alabeo empate corto (bogie 3 metros)
	Alabeo empate medio (bogie 5 metros)
	Alabeo empate largo (bogie 9 metros)
Alineación	Alineación onda corta
Ancho de vía	Variación del ancho
	Ancho medio
Perfil transversal cabeza carril	Desgaste lateral carril

En los parámetros de nivelación longitudinal y transversal, alineación y ancho de vía se aplica un filtrado de las longitudes de onda entre 3-25 m.

Las anomalías en estos parámetros provocan efectos dinámicos de sobrecargas rueda-carril, que dan lugar a su vez a la fatiga de vía y del material rodante. Defectos importantes de alabeo pueden llegar a provocar descarrilamientos.

De este también se pueden extraer parámetros de trazado como la curvatura y el peralte, que no dan información directa del defecto sino información adicional del trazado de la zona donde se localiza, ayudando en la interpretación de sus circunstancias en el registro gráfico.

Localización de defectos:

Mediante el análisis de picos se obtiene un listado de Zonas de Urgente Tratamiento, o puntos kilométricos donde se superan los umbrales de intervención correctiva. En función del valor medido estas serán trabajos urgentes, programados o de seguimiento.

Además proporciona para cada defecto superior al Umbral de intervención (ZUT):

o • El tipo de defecto.

o • Su localización sobre la vía.

Su P.K. y el de las referencias más próximas como pasos inferiores o pasos superiores, permiten conocer en cada momento el posible desfase existente entre la kilometración de la vía y la del coche auscultador, comparando el P.K. obtenido en la auscultación con el que previamente se ha obtenido en campo y por tanto poder localizar con precisión los defectos aislados reseñados.

o • La longitud del defecto.

o • El tamaño del defecto.

o • Un valor normalizado del mayor defecto.

Determinación de actuaciones:

Una vez obtenido un PK más ajustado a la realidad tras aplicar los desfases hallados mediante las referencias físicas, y con toda la información obtenida de la interpretación de los gráficos en la zona donde se detectó el defecto, se determinan las actuaciones correctivas.

Es importante analizar los defectos en conjunto para un mismo punto kilométrico y su entorno más cercano.

No es lo mismo observar un alabeo aislado en un punto, solucionable con maquinaria pesada, que observar defectos de nivelación asociados en uno solo de los hilos, lo que aconsejaría realizar un estudio en campo que diese la causa de este defecto, posiblemente una palomita o blandón que exigirían otro tipo de intervención.

Igualmente sucede con los defectos de alineación acompañados de defectos en el parámetro de ancho de vía, común en zonas con traviesas tipo RS, cuya posible solución sería una sustitución con traviesas monobloque.

Es frecuente la necesidad de situar el defecto en campo para asociar éste a la causa que lo origina y establecer con mayor acierto la solución a ejecutar para su desaparición.

Calidad de la vía como camino de rodadura

El análisis que permite evaluar la calidad que ofrece la vía como camino de rodadura de los vehículos, de acuerdo con la velocidad a la que se va a circular por ella incide fundamentalmente en *el confort* de la circulación, y se consigue con el análisis de la variación de aquellos parámetros que producen aceleraciones elevadas en la caja de los vehículos, con respecto a sus valores teóricos de trazado.

Los parámetros son:

PARÁMETRO MEDIDO	PARÁMETRO CALCULADO
Nivelación longitudinal	Nivelación longitudinal onda corta
Nivelación transversal	Nivelación transversal onda corta
Alineación	Alineación onda corta
Ancho de vía	Variación del ancho
Perfil transversal cabeza carril	Desgaste lateral carril

Hay tres filtrados de longitudes de onda para los parámetros de nivelación longitudinal, transversal y alineación:

- 3-25 m: se considera para cualquier velocidad.

- 25-70 m: para velocidades menores de 80 km/h no se tienen en cuenta

- 70-120 m: para velocidades menores de 160 km/h no se tienen en cuenta

Los defectos medidos en estos parámetros producen efectos dinámicos que dan lugar a falta de confort.

Índices de calidad:

Los índices de calidad de los parámetros proporcionan información sobre cuál es el estado de la vía y dónde hay que actuar para mejorarlo.

Se obtienen a partir de los valores normalizados de la desviación típica de las señales. Siendo la desviación típica un cuantificador estadístico que proporciona la variación de los parámetros con respecto a los valores teóricos de trazado.

Estos índices de calidad toman valores entre 0 a 10, siendo mayores cuanto mejor sea el estado de la vía.

A partir de ellos se define la calidad de los parámetros:

ÍNDICE DE CALIDAD (IC)	CALIDAD PARÁMETRO	ACTUACIÓN
10 > IC > 8	BIEN	NO
8 > IC > 6,5	ACEPTABLE	NO
6,5 > IC > 5	REGULAR	SI
5 > IC > 3,5	DEFICIENTE	SI
3,5 > IC > 0	MAL	SI

Superficie de rodadura, desgaste de carril, conjunto traviesa-sujección

Una evaluación del estado de la superficie de rodadura de los carriles y del estado del conjunto Traviesa–Sujeción incide fundamentalmente en el estado de los materiales de la vía.

Numerosos valores ligeramente elevados de los siguientes parámetros producen resonancias Rueda-Carril que dan lugar a la fatiga de vía y del material rodante. Así como a vibraciones y ruido que restan confort al viajero.

PARÁMETRO MEDIDO	PARÁMETRO CALCULADO
Aceleraciones en caja de grasas	Desgaste ondulatorio onda corta
	Desgaste ondulatorio onda larga
	Defectos soldaduras y juntas
Nivelación longitudinal	Desgaste ondulatorio onda larga
Perfil transversal de la cabeza del carril	Desgaste lateral del carril
	Desgaste vertical del carril
	Desgaste total
Ancho de vía	Ancho medio

Localización de defectos e índices de calidad:

El análisis de los valores extremos (picos) de los parámetros enumerados en el cuadro anterior aporta información puntual (localización, tamaño) de defectos en el carril, básicamente de nivelación de soldaduras y juntas.

En función de la clase de línea y la velocidad máxima de cada trayecto, unos valores máximos admisibles o "Umbrales de intervención correctiva" que determinarán si ha de haber actuación o no.

Una interpretación detallada de los gráficos de auscultación junto con la identificación en campo del problema y de su causa concreta ayudarán a establecer cuál es la medida correctora más apropiada.

El análisis de los índices de calidad de los parámetros de nivelación longitudinal y aceleraciones en cajas de grasa proporciona información sobre el Desgaste Ondulatorio que sufre el carril.

Auscultación dinámica

Los requerimientos de seguridad y calidad de confort del servicio prestado en líneas de alta velocidad exigen la aplicación sistemática de auscultaciones dinámicas como uno de los elementos básicos para planificar las intervenciones preventivas y correctivas en la superestructura.

Se trata en síntesis de un método indirecto de detección de defectos en la superestructura a través del estudio de las distintas aceleraciones que sufre un vehículo auscultador instrumentado mediante acelerómetros situados en distintos puntos estratégicos de su estructura.

Es evidente que las características y condiciones de mantenimiento del vehículo auscultador (Retorneado de llantas, estado de las suspensiones, etc.), así como la velocidad, que ha de ser la máxima de explotación, influyen sobre la lectura de la vía.

La propia actividad de explotación de una línea de AV, así como los condicionantes del mismo emplazamiento (características del terreno, meteorología, etc), confieren a la infraestructura y a la superestructura de la vía un proceso de degradación de los parámetros estipulados para garantizar la función que debe desempeñar la vía.

Registro de datos:

El registro de datos (aceleraciones) se ha de realizar a la máxima velocidad de explotación de la línea, ya que las aceleraciones registradas dependen de la velocidad.

Otro factor importante a tener en cuenta en el desarrollo de la auscultación dinámica para la posterior identificación de los defectos detectados es el relativo a la correcta kilometración de la línea.

La kilometración exacta de la vía permite la colocación de catadióptricos en postes enfrentados con conocimiento exacto de su P.K. Los catadióptricos a través de un emisor-receptor de una señal óptica que lleva el tren permiten la comprobación y el ajuste de la kilometración del mismo. Se colocan en unos intervalos de unos veinte kilómetros más o menos aunque en algún caso y por necesidades de estudio de una zona concreta pueden colocarse otros con carácter provisional. De esta manera se pueden localizar con exactitud las aceleraciones aparecidas.

Puede decirse por tanto que una correcta kilometración de la vía y la colocación adecuada de catadióptricos son condiciones previas imprescindibles para obtener de la auscultación dinámica su máxima potencialidad.

En otras líneas de AV para corregir el desfase de la kilometración y ajustar la central taquimétrica del coche control, se utilizan balizas magnéticas que colocadas en la cabeza de la traviesa y en la parte exterior del carril son detectadas al paso del coche instrumentalizado.

Este tipo de balizas tiene el inconveniente de que tienen que ser retiradas para realizar las labores de bateo, por lo que se están empezando a utilizar unas nuevas balizas magnéticas denominadas balizas de tirafonfo que son compatibles con el bateo de vía.

Tipología de aceleraciones registradas:

Aceleración lateral de bogie. En este caso los acelerómetros van colocados en el centro de los bastidores de al menos dos bogies compartidos (caso tren tipo AVE) o bien en al menos dos rodales (caso tren tipo TALGO).

Aceleración vertical en caja de grasa. Se mide en las cajas de grasa contrapeadas de los ejes de un mismo bogie a fin de auscultar cada hilo de la vía independientemente.

La lectura por tanto en cada hilo de las aceleraciones correspondientes al mismo defecto geométrico aparecen desfasadas tres metros aproximadamente (caso tren tipo AVE). Cuando se trata del tren Auscultador B.T. se mide en la caja de grasa del rodal y su opuesto.

Aceleración vertical y lateral en caja. Los acelerómetros van colocados en el suelo del furgón del vehículo auscultador.

Aceleración sin compensar en el plano de la vía. Se establece a partir de la señal filtrada de las aceleraciones transversales de bogie.

Todos estos parámetros añadidos a la velocidad y a la definición de P.K.s aparecen en un registro gráfico.

Las señales de aceleraciones transversales (o laterales) se filtran a 8-10 Hz y las aceleraciones verticales a 20 Hz. Las aceleraciones transversales del bogie también se filtran a 0,5 Hz. a fin de obtener los valores de la aceleración sin compensar.

Umbrales admitidos de las aceleraciones registradas:

Las mismas señales filtradas a 40 Hz, se registran por ordenador a través de un muestreo directo sobre un disco duro con una frecuencia de 200 muestras/segundo.

De aquí se obtiene un listado de picos de aceleraciones con su P.K. definido y sometido a los siguientes umbrales para mantenimiento:

ACELERACIONES m/sg2	SEGUIMIENTO	ACTUACIÓN PROGRAMADA	ACTUACIÓN INMEDIATA
Ac. lateral de bogie	2,5 < Ac < 4,0	4,0 < Ac < 6,0	Ac > 6,0
Ac. vertical caja de grasas	30 < Ac < 50	50 < Ac < 70	Ac > 70
Ac. lateral caja de veh.	0,8 < Ac < 1,5	1,5 < Ac < 2,0	Ac > 2,0
Ac. vertical caja de veh.	0,8 < Ac < 1,5	1,5 < Ac < 2,0	Ac > 2,0

Interpretación de las aceleraciones registradas y su relación con la superestructura:

El tratamiento de las **aceleraciones transversales en bogie**:

El origen de estas aceleraciones es el de más difícil identificación por la fuerte componente dinámica que presenta (vibraciones parasitas en el bogie debidas a una mala conicidad en llantas, etc.).

Sus valores evidentemente son mayores en curva que en recta con independencia de la calidad geométrica de ambas.

La fiabilidad de la detección del defecto pasa por el registro de su correspondiente aceleración por los dos acelerómetros.

En los procesos de identificación normalmente aparecen relacionadas con "garrotes" cortos y con alabeos geométricos en entrada y salida de losas esviadas, por ejemplo, o dinámicos por traviesas bailadoras.

Este tipo de aceleraciones están relacionadas con la seguridad, ya que poseen un marcado carácter negativo frente al guiado de los vehículos ferroviarios.

El origen de la aceleración vertical está relacionado con defectos de nivelación longitudinal. En algunos casos la entidad de estos defectos a una velocidad determinada provoca en las masas suspendidas de los vehículos unas oscilaciones verticales con la misma frecuencia que las propias de las suspensiones. Este defecto de nivelación y por extensión sus consecuencias dinámicas constituyen las denominadas "ondas largas". La longitud de onda vinculada al defecto aumenta con la velocidad.

El origen de la aceleración lateral suele estar relacionado con defectos de alineación y en contadas ocasiones con defectos de peralte. En ambos casos se trata de defectos de onda larga.

La aceleración sin compensar y su variación con respecto al tiempo, es decir, "la sobreaceleración" o coeficiente de calidad de las curvas de transición, nos informa del comportamiento del vehículo ferroviario cuando circulamos en curva.

Esta aceleración se mide en el plano de la vía por lo que los umbrales admitidos son distintos según el tipo de tren en consideración (trenes basculantes, pendulares, etc.).

La **aceleración vertical y lateral de caja de vehículo** y la **aceleración sin compensar** y su variación con respecto al tiempo están relacionadas con el Confort del viajero, de ahí su importancia a la hora de ofrecer un buen servicio a altas velocidades.

El tratamiento de las **aceleraciones verticales en caja de grasa**:

Los picos máximos de estas aceleraciones están relacionados con defectos de nivelación en un hilo (soldaduras picudas o rehundidas, cruzamientos de punta fija, alabeos dinámicos, etc), con defectos de nivelación en los dos hilos, como baches o burros, con desgaste ondulatorio de onda larga, etc.

La presencia de una media elevada de estas aceleraciones (descartada la existencia de planos en las llantas y supuesto un buen estado de los materiales) indica una excesiva rigidez en la vía, o dicho de otra forma, indica síntomas de fatiga de vía, perjudicial a largo plazo, para la superestructura.

En estas condiciones el carril, las placas de asiento y las traviesas, absorben las sobrecargas dinámicas generadas. Al mismo tiempo el balasto se ve sometido a un proceso de molturación que reduce su rozamiento interno con la consabida y perjudicial aparición de finos y perdida de las importantes características de este material.

La disminución de estas aceleraciones se convierte por lo tanto en una condición básica del incremento de la vida útil de los materiales mencionados.

Por último, decir que estas aceleraciones, actúan sobre la suspensión primaria, siendo absorbidas por la suspensión secundaria, por lo que afectan al material rodante, por los impactos provocados en sus llantas y suspensiones y al confort del cliente por los ruidos que provocan.

8. CONTROL DE LAS SOLDADURAS

Introducción

La utilidad de una soldadura es la de unir sólidamente las barras de carril.

Las soldaduras se pueden realizar en taller o in situ. Las soldaduras de taller tienen la finalidad de crear barras de carril largas para realizar el montaje de vía, para ello el administrador de la infraestructura transporta y suministra el carril nuevo desde las siderúrgicas hasta el lugar de descarga de las instalaciones de la empresa dedicada a este fin. La longitud de las barras de carril suministrado se ha aumentado para reducir el número de soldaduras eléctricas.

Con puentes grúa son aproximados los carriles hasta las mesas de alimentación de las instalaciones de soldadura.

Con máquinas adecuadas se procede a la limpieza de los extremos de los carriles (patín, cabeza y frente).

En máquina de soldar por resistencia mediante chisporreteo eléctrico, se procede al empalme de carriles. Posteriormente en máquina de rebabar, se eliminan en caliente los realces producidos al soldar y en una prensa se enderezan las uniones soldadas; finalmente con máquinas copiadoras esmeriladoras se procede al acabado.

Por inspección visual se detectan y marcan los defectos que posteriormente deberán ser eliminados. A través de máquina fija de inspección de ultrasonidos, son auscultados los carriles en toda su longitud, para detección de los posibles defectos internos que presenten

Estas barras largas (270 metros) son transportadas por un tren carrilero a los diferentes tajos de montaje de vía. Una vez está montada y bateada la vía se realizan las soldaduras, in situ, de unión de las barras largas y de liberación de tensiones.

En Mantenimiento las soldaduras a realizar van a ser aluminotérmicas in situ, ya que cuando tengamos defectos que requieran sustitución de carril se va a proceder a cambiar un cupón con la consiguiente realización de soldaduras.

Otro procedimiento de realización de soldaduras in situ es mediante un camión que realiza soldaduras eléctricas, pero que no tiene uso en Mantenimiento.

Descripción de los trabajos

El procedimiento de soldadura es el precalentamiento corto por aire inducido – propano. Este procedimiento utiliza moldes prefabricados con junta normal y un crisol de un solo uso.

Todos los consumibles necesarios para la realización de una soldadura están acondicionados dentro de un mismo embalaje que llamamos KIT. El acondicionamiento del KIT sirve para evitar todo error en el aprovisionamiento para un trabajo (olvidos, cargas no adecuadas etc.),

El KIT es una caja de cartón recubierta con un film de plástico retractilado con los siguientes elementos:

- o Una carga de soldadura, dentro de una bolsa de plástico sellada térmicamente.

- o Dos semimoldes, una placa inferior y un tapón.

- o Una boquilla de destape automático y la magnesita de sellado.

- o Dos barras de pasta selladora.

Este procedimiento utiliza como medio de precalentamiento el propano y el aire del ambiente. El quemador está concebido para que el caudal de propano aspire el aire de ambiente por efecto de aspiración. En soldaduras que haya que realizar en túneles el propano se sustituye por acetileno.

Preparación de la junta a soldar

Desmontaje eventual de las bridas (caso de carriles embridados).

Desmontaje de tres fijaciones mínimas de cada lado de la junta a soldar.

Aflojar las cuatro o cinco fijaciones siguientes.

Limpieza y cepillado de los extremos de los carriles hasta reducir toda la traza de oxidación.

Control de calidad geométrica de los extremos de los carriles a soldar.

Control de ausencias de fisuración del carril.

Alineación de la junta

La alineación de la junta comprende cuatro parámetros: la cala, alineación en perfil, alineación en planta y la inclinación. La alineación del carril nos determina la calidad geométrica de la soldadura y su duración de vida.

Si una soldadura está baja, cada circulación de una rueda efectuará un choque, si la soldadura está alta, las traviesas se moverán produciéndose en estos casos una destrucción progresiva de la vía y quizá la rotura de la soldadura.

Si se utilizan cuñas para el alineamiento de una soldadura, éstas deben ser de madera o de otro material más blando que el carril. Para más facilidad, seguridad y rapidez es aconsejable el utilizar caballetes de reglaje.

Cala de soldeo

Es el espacio entre dos carriles a soldar, esta cala es de 23mm +- 2 mm, la cala debe mantenerse constante durante toda la operación de la soldadura, utilizar si es necesario tensores.

Para obtener este valor (23mm +- 2 mm) puede que sea necesario cortar los carriles. En este caso utilizar exclusivamente una tronzadora para carriles, de discos armados.

Ceñirse estrictamente a las consignas de seguridad (manual) relativas a la utilización de su tronzadora. Si no existe manual, suministrar al operario dichas consignas.

Alineación del perfil

Los carriles deben formar antes de la soldadura una flecha positiva de manera que después de la soldadura, por efecto del enfriamiento la soldadura pueda quedar baja, manteniéndose un sobreespesor para permitir el esmerilado.

Se mide sobre la cara interna (lado interior de la vía, cara activa).

La inclinación

Se trata de controlar la inclinación común de los dos carriles a soldar, debe hacerse simultáneamente sobre la cara activa y el alma.

Ejecución de la soldadura

Apertura Kit

Los Kits deben ser almacenados en lugar seco y de manera que no se puedan aplastar; no almacenar más de cuatro Kits uno encima de otro o bien colocar un palet para que reparta el peso (no apilar más de dos palets de altura).

El Kit debe ser conservado dentro del embalaje de origen, cerrado y exento de toda deformación o trazas de humedad. El embalaje del Kit lleva identificación del procedimiento y del tipo de carril.

Verificar que:

El Kit corresponde al tipo de carriles a soldar: perfil, dureza y cala

Los diferentes elementos del Kit (carga, moldes y boquilla) están en buen estado.

Una etiqueta sobre la bolsa de plástico de la carga identifica la fecha, el lote y la referencia de la carga.

Colocación de los moldes

Los moldes deben centrarse con el eje de la junta a soldar.

Para colocar los moldes, hay que posicionar y centrar la prensa de apretar moldes, encajar cada placa lateral sobre el semimolde, emplazar un semimolde y efectuar un pre-reglaje, sujetándolo con el tornillo palomilla del utillaje (centrarlo por la parte superior e inferior respecto a la cala de la junta), mantener el semimolde en su lugar, emplazar el segundo semimolde y efectuar, como con el anterior, un pre-reglaje.

Los dos semimoldes no deben quedar decalados uno respecto al otro, actuar sobre los dos tornillos . palomilla del utillaje, poniendo atención en no producir un apriete excesivo que llegue a romper los moldes, controlar que en las operaciones anteriores no hayan provocado la caída de arena en el interior de los dos semimoldes, en su caso eliminar la arena, colocar la placa inferior sobre la placa de fondo, colocando un cordón de pasta refractaria sobre los rebajes existentes a cada lado de la placa inferior.

Sellado

El sellado permite preparar la estanqueidad del molde respecto al carril. Para ello, debe efectuarse a mano un cordón homogéneo de pasta refractaria sobre todo el contorno de los semimoldes.

Después del sellado, colocar la cubeta de corindón y rejuntarla contra l pared del molde con un cordoncillo de pasta refractaria.

Precalentamiento

El precalentamiento es una operación muy importante. Tiene por objeto evacuar la humedad residual de los moldes y de elevar la temperatura de los carriles y moldes.

Para obtener un precalentamiento correcto:

Asegurarse que la presión disponible en propano es de 3 bares.

Colocar el quemador sobre los moldes poniendo atención en no estropear el interior con la boquilla, centrar el quemador con el eje del molde para efectuar un calentamiento bien homogéneo de los extremos.

Dejar funcionar el quemador durante cinco minutos (SUFETRA) o seis minutos (KLK), este tiempo es imperativo y no debe ser modificado por el soldador. Durante este intervalo de tiempo, se aprovechará para preparar la colada.

Crisol de un solo uso

El crisol es de fácil manejo, ya que encaja sobre los moldes y no necesita un precalentamiento, ahorrándonos una pérdida de tiempo en su preparación.

El crisol deberá estar perfectamente seco y no deberá contener polvo ni otros elementos extraños.

Colada

Colocar la boquilla de destape automático en el fondo del crisol y apretarla suavemente.

Vaciar la magnesita.

Verter la carga dentro del crisol.

Encender la carga por medio del elemento de ignición o bengala, introduciéndola en la carga en el centro del crisol, cubriendo seguidamente el crisol con la tapa antiproyecciones.

La reacción se desarrolla en algunos segundos y la colada se efectúa automáticamente después de terminada la reacción. El excedente de corindón resultante de la reacción aluminotérmica, rebosa dentro de la cubeta prevista para tal efecto.

Retirada de la cubeta

Cortar la rebaba de corindón solidificada entre ambos moldes y la cubeta. Si esta operación no se efectúa, se corre el riesgo de arrancar la pasta del sellado o parte del molde, provocando así una fuga.

La cubeta de corindón debe ser retirada cuando su contenido se haya solidificado. No colocar o vaciar jamás sobre suelo húmedo o helado, ni sobre una traviesa, o menos aún lanzarla dentro del agua, porque se produce una reacción extremadamente peligrosa.

Desbarbado

El corte debe efectuarse con una máquina desbarbadora (cortamazarota).

Este sistema garantiza una mejor geometría de la soldadura. Las cuchillas deben estar reguladas a 3mm., mínimo de altura con respecto al plano de rodadura.

Esta operación se efectúa cuando la soldadura está suficientemente solidificada, pero antes que se enfríe. A título indicativo el corte interviene aproximadamente una media de 5 a 6 minutos después del fin de la colada, seguidamente se efectuará el desmolde y limpieza de la mazarota

Controles a realizar

Control visual

Este medio nos permite comprobar el aspecto exterior de las soldaduras, y para ello necesitamos un espejo, un cepillo y lija, para limpiar la soldadura.

Las soldaduras no deben presentar:

o Defectos de fusión entre el metal de aportación y el carril.

o Poros, fisuras, inclusiones de arena o escoria, o rechupes.

o Discontinuidades en la zona de fusión de la superficie de rodadura y la cara activa del carril, manchas negras, arranques de material, etc.

o Defectos de alineado o de alabeo de los carriles.

Colocación inadecuada de los semimoldes. Posibles causas que pueden ocasionar estos defectos:

o Fusión incompleta en cabeza

o Precalentamiento insuficiente.

o Cala menor que la predeterminada.

o Molde mal centrado.

o Corte de carril no perpendicular.

o Destape de colada tardía.

o Extremos del carril en mal estado.

Falta de material en cabeza de carril:

- o Cala mayor a la predeterminada.

- o Carga que no corresponde al perfil del carril soldado.

- o Escapes de colada.

- o Rechupes en cabeza:

- o Cala mayor a la predeterminada.

- o Carga que no corresponde al perfil del carril soldado.

- o Escapes de colada.

- o Fisuras en el alma:

- o Corte de carril con soplete.

- o Fisuras no detectadas en el carril.

Inclusiones de escoria:

- o Destape de colada prematura.

- o Colocación defectuosa del destape automático o no colocarlo

- o Crisol descentrado.

Carga no adecuada.

Poros:

- o Poros grandes en la superficie de la soldadura. Molde húmedo.

- o Poros pequeños o manchas negras. Crisol húmedo.

Arranques de material:

En cabeza:

- o Corte de la mazarota con la soldadura excesivamente caliente.

- o No limpiar la arena en las zonas de corte de la cabeza.

En el patín:

- o Corte incorrecto de las pipas.

Soldadura baja:

- o Paso de una circulación antes del enfriamiento de la soldadura.

- o No colocar las cuñas antes del corte de la mazarota.

Control geométrico

La restitución de la geometría del carril por amolado, en la zona de la soldadura, se debe controlar y comprobar, posteriormente.

Medios de control:

o Regla de acero calibrada y galgas.

o Regla de inducción eléctrica.

Control líquidos penetrantes

Este proceso sirve para detectar posibles defectos superficiales en las soldaduras, tanto en la cabeza del carril como en las pipas, (microfisuras, microporos, etc.).

Aplicación de los líquidos:

o Limpieza con lija y cepillo de las zonas a controlar.

o Limpiar con líquido eliminador todas las zonas.

o Aplicar líquido penetrante, esperar el tiempo indicado por el fabricante.

o Retirar el líquido penetrante con el eliminador, usar un trapo blanco.

Aplicar líquido revelador y esperar el tiempo indicado por el fabricante

Control ultrasonidos

El método de ensayo no destructivo con ultrasonidos, consiste en utilizar ondas ultrasónicas para detectar defectos en el carril, la herramienta esencial para el operario ultrasónico es el palpador que se acopla a la superficie de la pieza mediante un líquido o pasta de acoplamiento de modo que las ondas sonoras que vienen del palpador sean trasmitidas al objeto de prueba.

9. LA BARRA LARGA SOLDADA

Introducción

Se denomina Barra Larga Soldada o Carril Continuo Soldado, a la barra de longitud suficiente para que uno de sus extremos se mantenga fijo, independientemente de la temperatura.

Su objetivo es básicamente es evitar los problemas relacionados con las juntas. Requiere un proceso de liberación de tensiones y su instalación depende del trazado y de la estructura de la vía.

La circulación de los vehículos determina sobre la vía los esfuerzos longitudinales que se producen de manera más intensa durante las fases de arranque y frenado. Sin embargo, la magnitud de estos esfuerzos puede considerarse poco relevante respecto a los de origen por acciones térmicas, variaciones de temperatura.

Dichos esfuerzos pueden dar lugar, bajo ciertas condiciones, al pandeo longitudinal de la vía, siendo prácticamente imposible el pandeo vertical de la misma. Centrando el problema entonces en el plano de la vía, los parámetros fundamentales que determinan este efecto son:

o Esfuerzo térmico máximo a que se encuentra sometida la vía.

o Fuerza axial que produce el pandeo.

o Radio mínimo de la curva que permite usar Barra Larga soldada.

Dadas las ventajas que presenta el carril continuo, como son la eliminación de gran parte de los problemas de las bridas, junto con la reducción del mantenimiento, existen una serie de problemas que pueden resumirse en:

o Dificultad técnica de la soldadura.

o Unión traviesa-carril.

o Vibraciones de alta frecuencia con posibilidad de holguras a los movimientos longitudinales.

o Pandeo de origen térmico.

De manera práctica se han solucionado:

o Montaje a Tº mayores de 25º.

o Radios mínimos de 300 m.

o Distancia máxima entre traviesas de 60 cm.

o Ausencia de defectos puntuales.

o Permitir puntos de dilatación en puntos concretos.

Ventajas de la barra larga sobre la barra elemental

Las ventajas de la barra larga de taller se reflejan en la mayor facilidad que presentan para la formación de la vía sin junta, ya que, aunque ésta puede quedar constituida también por barras elementales soldadas en tajo, la soldadura en obra vale tres o cuatro veces más que la de taller.

Por otra parte, las soldaduras eléctricas de taller quedan sometidas a un control de calidad más riguroso por lo cual su fiabilidad es mayor que en las realizadas a pie de obra.

El empleo de la vía sin junta presenta, a su vez, las siguientes ventajas con relación a la formada por barras elementales:

-Mayor seguridad en la explotación debido a que la mayor parte de las roturas de carriles se producen en sus extremos.

-Economía superior al 30 % en el mantenimiento de la vía.

-Facilidad en el rodaje, que se refleja en la conservación del material móvil.

-Mayor comodidad del viajero.

-Posibilidad de recuperación de los carriles usados eliminando parte de ellos.

formación de las barras largas en taller

Barras largas provisionales

Las barras largas provisionales se forman en taller por soldeo de barras elementales, nuevas o regeneradas, y se transportan a los tajos de trabajo para constituir, con ellas, la vía sin junta.

Su elemento principal son las uniones, realizadas con técnicas diferentes en taller y en el tajo. En el primero, el soldeo se efectúa eléctricamente a tope por chisporroteo por ser, ésta, operación que requiere una mecanización adecuada difícil de alcanzar en obra, si bien existe maquinaria para realizarla.

En los tajos las uniones se realizan por soldadura aluminotérmica que presenta las siguientes desventajas sobre la anterior:

Es tres o cuatro veces más cara, como queda indicado.

Es menos segura, presentando fallos del orden de dos a tres veces mayores.

Su control se puede realizar solamente por ultrasonido o por métodos magnéticos durante las inspecciones sistemáticas de la vía en tanto que las soldaduras eléctricas a tope por chisporreo se controlan por las constantes de la máquina de soldar.

La formación de las barras largas provisionales de taller requiere una energía calorífica, suministrada por medios eléctricos, y una energía mecánica, proporcionada, generalmente, con gatos hidráulicos, dando lugar a un proceso totalmente automático.

Este procedimiento es el único válido para soldar carriles de acero de diferente naturaleza pero no pueden soldarse carriles de perfil diferente.

En los carriles de igual perfil son admisibles las tolerancias de relaminado, llegándose, como excepción, a admitir hasta 2 milímetros por vía general y hasta 3 milímetros para vías secundarias.

Operaciones para formar barras largas en taller por soldeo eléctrico

Las fases que se relacionan a continuación corresponden al proceso a realizar con barras usadas. Para las nuevas se prescindirá de las seis primera Operaciones, que deben haber sido hechas, como control, durante la admisión de los carriles en las acererías.

1.Inspección previa. Almacenaje del carril posiblemente utilizable.

2.Inspección visual. Rechace del carril no admisible.

3.Inspección por ultrasonido. Rechace del carril no admisible.

4.Enderezado.

5.Corte. Rechace del carril no admisible.

6.Reperfilado del carril.

7.Carril apto para vía. Almacenaje con carril nuevo.

8.Preparación de puntas para la soldadura. Limpieza de óxido, manchas, aceite, etc.

9.Soldadura.

10.Rebarbado.

11.Corte y taladrado.

12.Enderezado.

13.Esmerilado.

14.Almacenaje. Expedición fuera del taller.

Preparación de los carriles para el soldeo

Los cortes realizados en los carriles, para su soldeo, deben ser perpendiculares a los ejes longitudinales de éstos, efectuándoles mediante sierra, en frío, con una desviación máxima de 0,5 milímetros.

Los carriles, ya cortados, se sujetan mediante mordazas que pueden acercar y alejar sus extremos llegando, incluso, a juntarles y producir una presión del uno contra el otro.

Se conectan a los terminales del secundario de un transformador y sus superficies deben quedar totalmente limpias de grasa y de otros productos extraños dejándolas exentas de óxido o de restos de otras soldaduras mediante tratamiento con muela, chorro de granalla o cepillado metálico intenso, tanto en las partes a soldar como en los contactos con los electrodos del transformador, para permitir el paso de la corriente eléctrica.

La alineación de los carriles se verifica mediante una regla metálica y, para conseguir las tolerancias señaladas, se realiza por la superficie de rodadura del carril y por la que ha de ser su cara activa.

Precalentamiento.

Sujetos los carriles mediante mordazas y conectados a los electrodos, la fase de precalentamiento se logra en un período de cebado, acompañado por la formación de arco eléctricos sucesivos que se ocasionan al efectuar aproximaciones y alejamientos de la piezas a soldar. Tales arcos elevan la temperatura de los extremos de los carriles por efecto Joule.

Fase de chisporroteo

Una vez alcanzada la temperatura adecuada, se inicia la fase de chisporroteo al acercar los extremos de ambos carriles hasta una distancia en que se produce un arco eléctrico continuo, entre ellos, que ocasiona intenso desprendimiento de partículas fundidas originando fuerte aportación de calor. Esta fase es fundamental para el proceso de la soldadura, ya que el haz de chispas que se desprende impide al aire ponerse en contacto con las superficies a soldar, eliminando cualquier posibilidad de oxidación, en ellas, que pueda alterar la composición del acero.

Presión y soldadura en los extremos

Cuando el metal llega a temperaturas próximas a la fusión, se provoca el contacto de los extremos de los carriles, sin haber cesado el chisporreo, y se les obliga a unirse bajo la presión mecánica, originando un abultamiento alrededor de la unión y la expulsión del metal líquido, que arrastra los óxidos formados durante las operaciones. Esta particularidad confiere al acero de a soldadura cualidades semejantes al de los carriles, dando gran calidad al procedimiento.

Terminación de la soldadura

Para efectuar la terminación se elimina el regruesamiento, originado en la unión de los carriles por la presión, mediante un rebarbado automático cuando los carriles, ya fuera de la máquina de soldadura, se encuentran todavía calientes, entre 850° y 950° C.

A continuación se procede a cortar los carriles en las longitudes convenidas y a taladrar sus extremos para su descarga.

Se realiza, inmediatamente, un enderezado en frío del carril - especialmente en las zonas de soldadura- mediante dos prensas hidráulicas en el sentido vertical y otras más en el sentido horizontal.

No se realiza ningún tratamiento térmico especial posterior a la soldadura, aunque suelen tomarse precauciones para evitar un enfriamiento rápido del carril después de efectuarla.

La operación se termina con un esmerilado de las zonas de soldadura haciendo desaparecer las pequeñas diferencias con el resto de la barra.

Control de las soldaduras en taller

En primer lugar, la calidad de las soldaduras debe analizarse por el registro de las constantes principales de la máquina, que se reflejan en una banda de papel mediante oscilaciones gráficas.

Las principales son: el tiempo utilizado en realizar la soldadura; la intensidad de la corriente eléctrica; la densidad y velocidad del chisporroteo y la presión de maniobra al unir los extremos de los carriles.

Ensayos de soldaduras

Los ensayos a que se someten las soldaduras pueden ser de dos clases: destructivos y no destructivos.

Entre los primeros se realizan: los de flexión hasta alcanzar una flecha determinada; los de flexión por rodadura; los de flexión hasta rotura; los de deformación por golpe y la determinación de la dureza Brinell.

Los ensayos no destructivos suelen realizarse por: ultrasonido; radiografía por rayos X; radiografía con rayos γ y por magnaflux o flujo magnético.

Entre todos ellos, se realizan con mayor frecuencia: los de flexión hasta una flecha determinada y a rotura; la determinación de dureza Brinell y los ensayos por ultrasonido.

Apilado y transporte de la BLS

Las barras largas se apilan, solamente, en los parques de fabricación. En los tajos de obra, se depositan a lo largo de las vías de montaje, exteriormente a los carriles de las vías provisionales, fuera del gálibo de circulación.

Las barras largas se mueven en los parques mediante pórticos-grúa fijos, separados unos 15 metros, dotados de carros con movimientos sincronizados y provistos de diferentes tipos de mandíbulas de izado. En los tajos se colocan lo más cerca posible de su emplazamiento definitivo y se manejan mediante grúas móviles o por ripados a mano.

Se apilan solamente en los parques de fabricación, formando pilas de hasta seis capas de altura y excepcionalmente de ocho, en su posición «de obra», es decir con los patines hacia abajo, disponiendo tales patines en contacto pero sin montar unos en otros. La primera capa suele apoyar en durmientes horizontes nivelados, formados por carriles inservibles separados unos cuatro metros y de forma que los que sirven de apoyo a los extremos de la barra no queden a más de 0,30 metros de la terminación de ésta. El resto de las capas o hiladas pueden apoyar sobre durmientes de madera, colocados a igual distancia que los que sirven de de apoyo a la primera capa y de tal modo que los correspondientes a las diferentes hiladas queden contenidos en un mismo plano vertical.

El transporte de las barras largas de taller se realiza siempre sobre trenes carrileros. El cuerpo central del tren está constituido por plataformas tipo M2, disponiéndose en sus extremos dos plataformas MMQ, una en cabeza y otra en cola -vagones todos ellos reformados expresamente para este transporte-.

Para las barras largas de 270 metros de longitud, el cuerpo central del tren carrilero queda formado por 28 plataformas tipo M2, de las cuales las dos más próximas a cada una de las MMQ tienen seis teleros, tres por cada costado, yendo provistas de seis peines de sujeción de los carriles y de seis barras, de sujeción de los peines a la plataforma.

Las 26 restantes llevan dos teleros, uno por costado, dos peines y dos barras de sujeción. De este modo, las barras largas quedan apoyadas, en toda su longitud, sobre las plataformas M2, volando unos cuatro metros, por cada extremo, que apoyan en las plataformas MMQ.

Para las barras de 135 metros, el cuerpo central consta de 13 plataformas M2, de las que las dos más próximas a los vagones MMQ tienen seis teleros, seis peines y seis barras verticales de sujeción al vagón.

Las barras largas de taller se disponen en dos capas, para su transporte en las plataformas, formadas por 16 unidades la inferior y por 14 la superior, disponiendo, entre ellas, peines que encajan en los teleros y que, a su vez, quedan sujetos al piso de la plataforma mediante barras verticales.

Las plataformas MMQ van provistas de 36 teleros, 18 por costado, sin llevar peines que sujeten los carriles para facilitar el giro de sus cabezas. Están dotadas, además, de un testero desmontable, un par de deslizaderas para apoyo de los carriles y el correspondiente freno de mano. Las plataformas M2 van provistas de los teleros, peines y barras de sujeción citadas anteriormente. Llevan tres deslizaderas para apoyo de los carriles y van dotadas de los frenos de mano necesarios.

Comportamiento mecánico de la BLS

Los esfuerzos longitudinales en el carril

Las fuerzas longitudinales horizontales en el carril son originadas por:

Fuerzas por temperatura, especialmente en el caso de carril continuo soldado. Estas fuerzas se pueden considerar de carácter estático.

Aceleraciones y frenazos. Se trata de esfuerzos que comprimen el carril por delante del tren y lo traccionan por detrás. El valor de estas fuerzas es considerable y deben ser tenidas en cuenta cuando se dimensionan estructuras. Muchos ferrocarriles asumen un valor del 25 % del peso del tren para esta carga axial.

Disminución de las tensiones causadas por soldaduras de carril en la vía.

Fluencia de la vía. La fluencia consiste en el desplazamiento gradual, en el sentido de la marcha, ya sea del carril sobre la traviesa o del carril junto con la traviesa sobre el balasto. En una vía simple sobre la que se puede circular en los dos sentidos de marcha, la fluencia será menor. En pendientes la fluencia de las vías decrece independientemente de la dirección del tráfico.

El fenómeno de la fluencia presenta las siguientes desventajas:

Incremento de las fuerzas en carril contínuo soldado.

Juntas de expansión demasiado grandes o demasiado pequeñas en vía soldada.

La fluencia del carril no uniforme produce una falta de alineamiento de la traviesa debido al cual se ejercen momentos flectores horizontales sobre el carril.

Los desplazamientos de las traviesas producen alteraciones de la estabilidad de la vía en la cama de balasto.

La fluencia se puede eliminar empleando sujeciones con una fuerza de apriete suficiente y balasto con una adecuada resistencia a cortante.

Esfuerzos por variaciones térmicas en la BLS

Por efecto de la temperatura, la variación de la longitud de un carril libre se expresaría como:

$$\Delta L = \alpha \cdot L \cdot \Delta T$$

Donde:

α: Coeficiente de expansión térmica en carriles de acero (11x10-6 $^{°C}$-1).

ΔT : Variación de la temperatura.

L : Longitud inicial del carril.

Esta dilatación no sucede si el carril se ha fijado a la traviesa por medio de la sujeción, al encontrarse resistencias longitudinales que se oponen al desplazamiento axial. Esta resistencia surge por las fuerzas de fricción entre carriles y traviesas y entre traviesas y balasto.

En el caso de carril continuo soldado la longitud del carril es tan grande que existen condiciones de deformación plana, impidiendo el desplazamiento axial del carril completamente.

El esfuerzo máximo generado sobre el carril debido a un cambio de temperatura viene dado por la expresión:

$$\sigma = E \cdot \alpha \cdot \Delta T$$

Donde:

E: Módulo de elasticidad del carril de acero (2x106 daN/cm2)

Si el carril está libre, por efecto del incremento de temperatura, no se produce un incremento de tensiones, pero si por el contrario, la longitud del carril estuviese anclada en ambos extremos, la distribución de tensiones sería uniforme y del valor indicado en la expresión anterior.

La dilatación que se produce realmente es un caso intermedio entre la dilatación libre y la totalmente coaccionada, ya que la libre dilatación del carril se ve impedida por el rozamiento entre los elementos del sistema carril-sujeción-traviesa-balasto.

Los esfuerzos sobre un carril continuo debido a la temperatura se distribuyen según se indica en la siguiente Figura: (diagrama de esfuerzos en un tramo de B.L.S.)

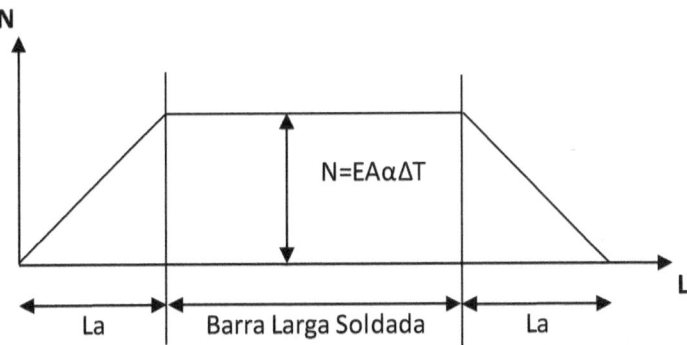

Las tensiones normales en los extremos del carril son nulos, y a lo largo de la longitud activa (La) van creciendo de forma escalonada, incrementándose en cada una de las traviesas, con un valor que puede oscilar entre 7 y 10 kN por traviesa, hasta alcanzar el valor máximo.

La fuerza máxima que aparece en el carril, se obtiene como:

$$N = \sigma \cdot A$$

A: Sección transversal del carril

La fuerza por tanto que tenemos en la vía es, como tenemos dos carriles:

$$F = 2 \cdot N$$

Para hallar la longitud de respiración, despejando La de la siguiente fórmula:

$$F = (B/0,60) \cdot La$$

Donde:

B= Resistencia la deslizamiento

0,60 = Distancia entre traviesas

Longitudes de respiración en función de tipo de carril y distintas variaciones de temperatura:

CARRIL	SECCIÓN	VARIACIÓN TEMPERATURA CARRIL			
		1ºC	35ºC	40ºC	45ºC
UIC 60	7.686 mm²	3,50 m	122 m	140 m	157 m
UIC 54	6.934 mm²	3,15 m	110 m	126 m	142 m
UIC 45	5.705 mm²	2,60 m	91 m	104 m	117 m

Por último, para hallar el desplazamiento de la junta utilizamos la siguiente expresión:

$$\Delta, junta = 2 \cdot \alpha \cdot \Delta T \cdot (La \wedge 2)/(2 \cdot La)$$

Práctica resuelta BLS

Objetivos:

Entender el comportamiento mecánico de la barra larga soldada.

Calcular el diagrama de esfuerzos que se produce en un tramo de carril continuo soldado en función de la variación térmica que presenta el carril, a partir de su temperatura de neutralización.

La temperatura de Neutralización (to), es la temperatura a la que el carril se encuentra libre de tensiones y se obtiene como media entre la máxima y la mínima temperatura de la zona incrementada en 5°C.

Aprender a calcular la longitud de respiración. La zona de respiración de la B.L.S. depende de la resistencia, dada como fuerza por unidad de longitud de la vía que las traviesas y el balasto ejercen contra la deformación longitudinal del carril, y de las variaciones de su temperatura.

Enunciado:

La empresa contratista de un tramo de mantenimiento de la técnica de Infraestructura, Vía y Desvíos una línea de cercanías, quiere comprobar el estado de esfuerzos térmicos al que está sometido un tramo de vía soldado, de 5 km de longitud.

La vía está montada con carril de 54 kg/ml y traviesas de hormigón pretensado. La temperatura de neutralización de tensiones (to), durante el montaje de la vía fue de 21°C.

Sabiendo las siguientes características:

La temperatura máxima del carril es de 60°C, por tanto ΔT= 60-21= 39°C.

E= 2 106 daN/cm2 (=Kg/cm2), módulo de elasticidad del acero.

α= 11 10-6 °C-1, coeficiente de dilatación térmica el acero.

ϱacero= 7,8 gr/cm3, densidad del acero.

B= 700 daN/traviesa, resistencia al deslizamiento.

Responda las siguientes preguntas:

1.- ¿Determinar el esfuerzo longitudinal máximo en el tramo de la barra larga soldada por variación de temperatura?

2.- ¿Calcular la fuerza máxima que tiene en ese tramo la vía por ese incremento en la temperatura?

3.- ¿Calcular la longitud de respiración?

4.1.- ¿Hallar el desplazamiento que se produce en la junta?

4.2.-Dibujar el diagrama de esfuerzos a lo largo del tramo de 5 km.

Solución:

1.   Determinar el esfuerzo longitudinal máximo en el tramo de la barra larga soldada por variación de temperatura.

Aplicaremos la siguiente expresión:

$\sigma = E \cdot \alpha \cdot \Delta T$

Por datos tenemos:

E   = 2x106 daN/cm2

α = 11x10-6 °C-1

ΔT = 39 °C

Reemplazando:

σ = 2x106 daN/cm2 · 11x10-6 °C-1 · 39 °C

σ = 858 daN/cm2

2.   Calcular la fuerza máxima que tiene en ese tramo la vía por el incremento de la temperatura.

Aplicaremos la siguiente expresión:

$N = \sigma \cdot A$

Por datos tenemos:

A   = 69,34 cm2 (Carril UIC 54)

σ   = 858 daN/cm2

Reemplazando:

N = 858 daN/cm2 · 69,34 cm2

N = 59.494 daN

3.   Calcular la longitud de respiración.

Aplicaremos la siguiente expresión:

La = F · 0,60 / B

Por datos tenemos:

B   = 700 daN

F   = 2 · N

Reemplazando:

La = 2 · 59494 daN · 0,60 m / 700 daN

La = 102 m

4.1   Hallar el desplazamiento que se produce en la junta.

Aplicaremos la siguiente expresión:

Δjunta = 2 · α · ΔT · [La]2 / [2 · La]

Por datos tenemos:

α = 11x10-6 °C-1

ΔT   = 39 °C

La   = 102 m

Reemplazando:

Δjunta = 2 · 11x10-6 °C-1 · 39 °C · [102 m]2/ [2 · 102 m]

Δjunta = 0,0437 m

4.2 Dibujar el diagrama de esfuerzos a lo largo del tramo de 5 km.

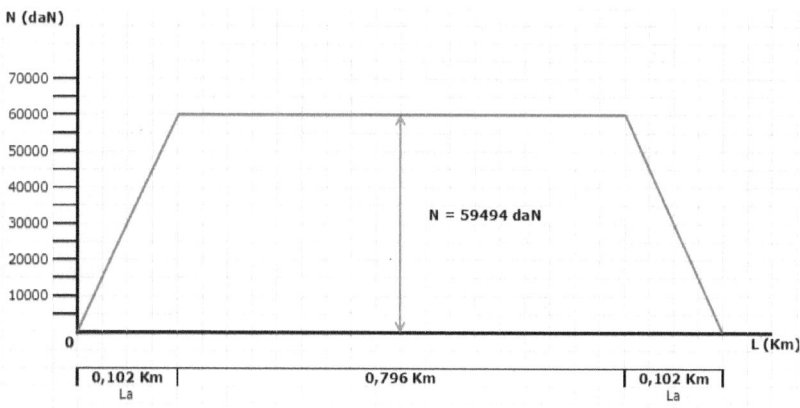

10. MANTENIMIENTO Y GESTIÓN DE TRENES DE ALTA VELOCIDAD

Las Normas Específicas de Circulación (NEC) tienen por objeto regular la circulación en las líneas de alta velocidad como consecuencia de la existencia de una tecnología diferente en cuanto a sus instalaciones y a las particularidades específicas de su explotación. Está normativa específica se ha integrado junto a otras en el **RCF-17**, Reglamento de Circulación Ferroviaria, de junio del año 2.018 creado por el Ministerio de Fomento, Secretaría General de Infraestructuras, y específicamente por **AESF**, Agencia Estatal de Seguridad Ferroviaria.

El objeto del Reglamento es establecer reglas operativas generales, para que la circulación de trenes y maniobras se realice de forma segura, eficiente y puntual, tanto en condiciones de explotación normal como degradada, incluyendo la recuperación efectiva tras una interrupción del servicio.

Las características diferenciales en la alta velocidad más relevantes son el ancho de vía, velocidades superiores a 200 km/h, alimentación de catenaria por medio de corriente alterna a 25 kV, Bloqueo de Control Automático (BCA) como normal de la línea y Bloqueo Automático Supletorio (BAS), basado en un sistema específico de señalización.

Todas las personas relacionadas con la circulación están obligadas a conocerlas, en la parte que les afecte, para poder aplicarlas en el ejercicio de sus funciones.

Para la debida interpretación de las normas de circulación, se tendrá en cuenta lo siguiente:

Las facultades que las normas confieren al Puesto de Mando (PM) serán asumidas por los Responsables de Circulación cuando no puedan comunicar con él, excepto en los casos en que esté previsto otro procedimiento.

Las facultades que las normas confieren a una Jefatura, podrán ser ejercidas por el agente que la ostente o por otro a sus órdenes en quien pueda delegar. En casos justificados y urgentes, el agente que actúe por delegación de su Jefatura, podrá intervenir por iniciativa propia.

Cuando las normas prescriban la utilización de un impreso, las reglas para su confección, que se indican o adjuntan al mismo, se consideran también normas de circulación.

Personal implicado

Personal de Circulación

Responsable de Circulación: El agente que dirige la circulación ejerce el mando del personal de movimiento y de los trenes que se encuentran en las estaciones del tramo que gobierna, en todo lo relativo a la circulación.

Agente de Maniobras: El agente que a las órdenes del Responsable de circulación asegura la realización de las maniobras, mediante la aplicación de las normas reglamentarias. Personal de trenes.

Maquinista: El agente que tiene a su cargo la conducción de un vehículo motor y el cumplimiento de las normas reglamentarias que le correspondan. En el caso de trenes se denomina Maquinista-Responsable de Tren. Ejerce el mando de todo el personal del tren, excepto en los trenes de pruebas.

Agente de Acompañamiento: El agente de servicio en el tren que podrá comunicar la finalización de las operaciones del tren, realizar maniobras cuando resulte necesario, así como llevar a cabo otras operaciones de seguridad que reglamentariamente le correspondan, bien por orden del maquinista o por iniciativa propia.

Personal de maquinaria de vía

Conductor de maquinaria de vía: La persona que tiene a su cargo la conducción de vehículos de maquinaria de vía, debidamente autorizado para la conducción del mismo, y conocedor de las normas reglamentarias que le correspondan.

Personal de infraestructura

Encargado de trabajos: La persona autorizada para intervenir en la Entrega de Vía Bloqueada (EVB) y dirigir trabajos en las proximidades de la vía.

Piloto de Seguridad: La persona encargada de la vigilancia y protección de los trabajos en la vía, en relación con la circulación.

Operario de instalaciones fijas: La persona de cualquier especialidad en materia de instalaciones, que garantiza el paso de las circulaciones mediante la aplicación de las normas reglamentarias que le correspondan. Realizará maniobras siempre que se trate de material destinado a trabajos de la vía o las instalaciones.

Personal de material Rodante

Operario material rodante: La persona que garantiza la circulación de los vehículos mediante la aplicación de las normas reglamentarias que le correspondan.

Personal de pruebas

Encargado de pruebas: La persona que ejerce el mando del personal de los trenes de prueba y dirige su realización.

Conceptos básicos de circulación

Puesto de Mando (PM)

Dependencia encargada de organizar, coordinar y dirigir la circulación en toda la línea. En caso de necesidad puede transferir la dirección de la circulación a los PLO.

Puesto Local de Operaciones (PLO)

Puesto desde el cual es posible, previa autorización del PM, dirigir la circulación de un trayecto determinado de línea que incluye una o más estaciones.

Estación

Instalación de vías y agujas, protegida por señales, que tiene por objeto coordinar los procesos de circulación.

Trayecto

Tramo de línea comprendido entre dos estaciones.

Vías de circulación

Las utilizadas en la estación para la entrada o salida, o paso de los trenes. Las otras vías de la estación, si dispone de ellas, se denominan vías de servicio.

Plena vía

Es la parte de vía comprendida entre las señales de entrada de dos estaciones colaterales. Se entiende que un tren se encuentra en plena vía cuando lo están todos los vehículos del mismo. En caso contrario, se entiende que se encuentra en la estación.

Base Mantenimiento

Dependencia utilizada para la gestión, el mantenimiento de los vehículos motores y el estacionamiento de los mismos, durante los periodos sin servicio.

Radiotelefonía

Medio de comunicación entre el personal relacionado con la circulación

Conceptos básicos de trenes

Tren directo

Para una estación, el que no efectúa parada en ella.

Tren convencional

Tren compuesto por una o más locomotoras y vehículos remolcados de cualquier clase.

Tren reversible

Tren con la locomotora en cola gobernada desde la cabina del vehículo situado en primer lugar.

Cuando desde esta cabina se gobierna el freno pero no la tracción, se denomina tren empujado.

Automotor

Tren formado por material autopropulsado, cualquiera que sea el número de motores, remolques o elementos que lo componen. Las ramas AVE se consideran automotores a efectos reglamentarios.

Tren de trabajos

Tren convencional o no, que circula entre estaciones para realizar operaciones como son, reparar e inspeccionar la vía, recoger o distribuir materiales y cualquier otra relacionada con las instalaciones.

Tren Taller

Tren utilizado para la liberación de la vía. El término incluye también los trenes grúas.

Vagoneta

Vehículo autopropulsado utilizado por los servicios de mantenimiento.

Máquina de vía

Vehículo autopropulsado utilizado en la construcción, rehabilitación o mantenimiento de la vía.

Locomotora aislada

La circulación compuesta exclusivamente por una o varias locomotoras.

Locomotora o automotor remolcado

Locomotora o automotor incorporado en la composición sin suministrar tracción.

Mando múltiple

Dispositivo que permite el control de varias locomotoras o automotores desde una sola cabina.

Tracción múltiple

Tracción de un tren por varias locomotoras o automotores gobernados independientemente.

Locomotora telemandada

La que puede gobernarse a distancia, por radiocontrol, desde un lugar distinto de la cabina de conducción.

Documentos Reglamentarios

Los documentos reglamentarios, dependiendo del organismo emisor, adoptaran la forma siguiente:

Elaborados y aprobados por la AESF, Agencia Estatal de Seguridad Ferroviaria:

Especificaciones Técnicas de Circulación de ámbito nacional. Establecen requisitos y condicionantes generales que en materia de seguridad debe cumplir la infraestructura, el material rodante, y la operación, para permitir una explotación en condiciones seguras.

Elaborados y aprobados por los AI, Administradores de la Infraestructura:

Consignas: Son emitidas para regular casos concretos o en casos que queden fuera de la normativa general del reglamento.

Avisos: No tienen carácter normativo y su objeto es recordar o aclarar normas de circulación.

Horarios de trenes: Se publica con objeto de regular los procesos de circulación de los trenes en el tiempo.

Determina las siguientes informaciones:

o La marcha de los trenes.

o Las velocidades máximas en cada tramo.

o El número de canal de radiotelefonía.

Documento de Tren: Tiene por objeto dar a conocer al maquinista las prescripciones e informaciones relativas a:

o Marcha del tren.

o Limitaciones temporales de velocidades.

o Composición y frenado del tren.

o Avisos AV

Se publican con objeto de poner en conocimiento del personal que interviene en la circulación, informaciones necesarias a este fin:

Elaborados y aprobados por los EF, Empresas Ferroviarias:

Libro de Normas del Maquinista: Recopila toda la información reglamentaria que afecte a sus maquinistas.

Libro de Itinerarios del Maquinista: Informa de las características de la línea y de la información horaria del tren, es decir, identificación del tren, puntos de parada, horarios, velocidades máximas en tramas homogéneos.

Comunicación entre agentes.

Las comunicaciones verbales podrán hacerse de viva voz, por teléfono, radio o altavoz.

El agente emisor de una comunicación verbal, deberá comprobar que ésta ha sido comprendida por el receptor.

En las comunicaciones por teléfono, radio o altavoz, los agentes emisor y receptor deben identificarse mutuamente.

Las comunicaciones escritas deberán hacerse mediante un impreso al efecto, siempre que exista y podrán transmitirse por telefax.

Las comunicaciones por telefonema consisten en la transmisión a distancia de un texto determinado y podrán hacerse por cualquier línea telefónica, radiotelefonía y que queda grabada.

Las notificaciones son comunicaciones a los Maquinistas que deben hacerse por escrito o por telefonema.

En la normativa se prescribe la forma y clase de comunicación a utilizar. Cuando ésta no se indique expresamente, se entenderá que es verbal.

Las comunicaciones de todos los teléfonos del Puesto de Mando y radiotelefonía de los trenes, serán registradas en magnetófono.

Los telefonemas relativos a operaciones de seguridad, serán cursados y recibidos personalmente por los agentes responsables de la misma.

En caso de anormalidad, podrán transmitirse los telefonemas mediante un intermediario habilitado para esta función, que reproducirá íntegramente en su telefonema la hora, el número de registro, texto, el agente remitente y el agente destinatario.

Registro de los Telefonemas:

Responsables de circulación:

Los telefonemas que expidan o reciban serán registrados:

En el Libro de bloqueo cuando se trate de telefonemas de bloqueo de trenes, o autorizaciones de rebase de señales.

En el Libro de telefonemas todos los demás.

No será preciso registrar por el Responsable de circulación del PM el texto completo de los telefonemas cuando exista grabación magnetofónica.

<u>Maquinistas:</u>

No precisan registrar el telefonema que expidan, excepto cuando sea a través de un propio.

En los telefonemas que reciban anotarán al menos el número de orden y la firma en el Documento de tren.

<u>Personal de infraestructura:</u>

Los Encargados de trabajos, cuando intervengan en el bloqueo de EVB, registrarán los telefonemas expedidos y recibidos en el libro para telefonemas.

Gestión de trenes

La circulación de los trenes requiere la actuación coordinada del personal del Puesto de Mando y Trenes, con el objetivo común de garantizar un itinerario sin obstáculos y seguro.

Esta actuación coordinada está basada en la identificación precisa de los trenes en circulación, en el conocimiento de sus horarios, paradas y velocidades, y en la información oportuna de las circunstancias particulares de cada tren.

El PM se asegurará de transmitir estas informaciones a los Responsables de Circulación de los PLO que estén en mando local.

Al Maquinista que lleve la dirección de la marcha se le notificará, el número y marcha de asimilación en su caso, mediante el Documento de tren.

Asimismo, las órdenes e informaciones temporales que afecten a la circulación de los trenes se notificarán al Maquinista mediante el Documento de tren.

En caso de que el Maquinista no disponga en tiempo oportuno del Documento de tren, la notificación de todas las informaciones contenidas en el mismo se podrá realizar mediante telefonema.

Los trenes efectuarán parada donde la tengan prescrita en su marcha, cualquiera que sea la indicación de las señales. Si se suprime la parada técnica de un tren, se comunicará al maquinista por radiotelefonía.

El PM, por necesidades justificadas del servicio, podrá autorizar la parada accidental de un tren en una estación o en un punto kilométrico de plena vía.

La parada accidental será notificada al Maquinista por radiotelefonía, indicando el lugar y motivo de la misma, considerándose, a estos efectos, como una parada momentánea.

Cuando se trate de una parada accidental en una estación que tenga por objeto la subida o bajada de viajeros en caso de anormalidad, se comunicará verbalmente dicha parada al Agente de acompañamiento, caso de que le corresponda comunicar la terminación de las operaciones del tren.

Obligaciones de los Responsables de circulación

Corresponde al Responsable de circulación cumplir las siguientes prescripciones:

1. Dejar u ordenar dejar libre en toda su longitud la vía que tenga que recorrer el tren, así como los piquetes afectados por el movimiento.

2. Establecer en momento oportuno, los itinerarios y apertura de las señales fijas que correspondan.

3. Suspender las maniobras que intercepten o puedan interceptar con algún movimiento el itinerario que el tren tenga que recorrer.

4. En las estaciones origen del tren o donde se modifique su composición, ordenará comprobar que éste cumple todas las prescripciones relativas a su señalización, composición y frenado.

5. En caso de avería en los enclavamientos, se asegurará por medio de las informaciones recibidas de los Maquinistas de:

El paso del tren completo por la estación.

El apartado del tren en vía de estacionamiento sin interceptar piquetes.

La posición de las agujas.

Obligaciones de los Maquinistas

Corresponde al Maquinista cumplir las siguientes prescripciones:

1. Además de comprobar que la ruta que sigue es la que le corresponde, ejercerá la vigilancia de instalaciones de la línea, de la vía contigua, de los pasos superiores y catenaria, en tanto le sea posible e informará de cualquier anormalidad que observe al Responsable de circulación.

2. Efectuará detención inmediata cuando:

Aprecie una resistencia imprevista en la marcha.

Tenga indicios de que existe un peligro para la circulación.

Observe golpes en las ruedas que puedan atribuirse a la rotura de un carril, comprobando si ha tenido lugar o no el descarrilamiento.

Detecte falta de tensión en catenaria, si no hay comunicación con el PM.

En cualquier caso, procurará efectuar la detención cuando lo permitan las circunstancias y en un lugar que no ofrezca peligro para el tren ni para los viajeros.

3. Con respecto al uso de la radiotelefonía:

Permanecerá atento a los mensajes que reciba.

Emitirá los prescritos para cada caso.

Informará de las anormalidades al PM y en todo momento se atenderá a sus instrucciones.

4. Si no consigue establecer contacto a través de la radiotelefonía y el tren está detenido a causa de la señalización o la vía está inhábil para la circulación, comunicará la incidencia por el teléfono de línea u otro medio de comunicación.

5. Cuando precise la colaboración del Agente de acompañamiento para resolver una anormalidad, hará uso de la telefonía interior.

6. Si por necesidades del servicio tuviera que abandonar la cabina de conducción apretará el freno automático e informará al Agente de acompañamiento siempre que sea posible, bien directamente o por telefonía interior.

Conservará en su poder el inversor de marcha o cualquier otro dispositivo de control. El apriete de freno deberá ser total.

Si no existiera Agente de acompañamiento, solicitará la autorización del PM para abandonar la cabina, adoptando las medidas de seguridad dadas anteriormente.

7. En las estaciones de origen del tren, o donde se modifique su composición, comprobará que éste cumple todas las prescripciones relativas a la señalización, composición y frenado, comunicando al PM cualquier anomalía.

8. Estacionará los trenes de viajeros en el andén salvo que el Responsable de circulación le ordene otra forma de proceder. Si rebasase el piquete o señal de salida sin talonar agujas, retrocederá inmediatamente, hasta dejarlo libre. Si hubiese talonado alguna aguja o no pudiera retroceder, protegerá el tren con protección de emergencia.

En los dos casos lo comunicará, lo antes posible, al Responsable de circulación.

9. Dará la confirmación de paso o estacionamiento del tren completo cuando lo requiera el Responsable de circulación mediante telefonema.

10. En la estación de origen del tren, no excederá la velocidad de 30 km/h al paso por las agujas de salida, excepto cuando circula al amparo del BCA.

Obligaciones del Agente de acompañamiento

Le corresponde cumplir las siguientes prescripciones:

1. Permanecerá atento a la marcha del tren y si detectara alguna anormalidad procederá a informar al Maquinista directamente, o por la telefonía interior y a maniobrar el aparato de alarma si lo estima procedente.

2. Accionará los mecanismos de cierre centralizado de puertas de los trenes que dispongan de este sistema. Cerrará las puertas de los vehículos que se encuentren abiertas a la salida del tren de las estaciones o durante la marcha.

3. Apretará los frenos de estacionamiento de los cortes de material separados del tren por causa de fraccionamiento y siempre que la locomotora tenga que separarse del tren, en plena vía, aunque no lo pida el Maquinista.

4. En caso de detención accidental o inmediata del tren, que excedan de 5 minutos y no hubiera recibido aviso del Maquinista, se pondrá de inmediato en comunicación con éste, ateniéndose a sus instrucciones.

Obligaciones del Personal de infraestructura

El Personal de infraestructura que presta servicio en la vía o en sus proximidades deberá presenciar el paso de los trenes para comprobar que no presenta ninguna anormalidad.

De cualquier anormalidad que observen darán cuenta inmediata al PM.

Incidencias en la circulación

Peligro Inminente

Cualquier agente que observe indicios razonables de peligro para las circulaciones informará por el medio más rápido a su disposición al PM, indicando naturaleza del peligro y punto kilométrico. Una vez comunicado el peligro se atenderá a lo que éste disponga.

Si no pudiera contactar con el PM, procederá a realizar la protección de emergencia con los medios disponibles a su alcance.

Cuando el PM tenga conocimiento de un peligro inminente procederá a establecer las medidas de protección de emergencia que más adelante se describen.

Debe actuarse en caso de peligro inminente en orden a evitar la detención de los trenes en el interior de los túneles, grandes viaductos, o lugares que puedan ofrecer peligro.

Corte de un tren

Se entiende por corte de un tren, el fraccionamiento del mismo durante la marcha, en cuyo caso las partes deben quedar detenidas por la acción del freno automático.

Normalmente, una vez realizada la comunicación al PM se efectuará el retroceso de la primera parte de la composición para unirse a la segunda, adoptando el Maquinista las medidas de seguridad que aconsejen las circunstancias.

Si esto no fuera conveniente, por las particularidades del caso, el PM autorizará al Maquinista continuar la marcha hasta la estación inmediata tras asegurar la inmovilidad del material cortado.

El PM dispondrá el envío urgente de los medios de socorro para retirar el material abandonado.

Escape de vehículos

Cualquier agente que tenga noticia del escape, avisará inmediatamente al PM y adoptará con la máxima rapidez las medidas de seguridad que las circunstancias aconsejen.

El PM ponderará las circunstancias, y sin pérdida de tiempo dispondrá de la que más convenga en cada caso, para evitar un accidente o aminorar sus consecuencias. Cuando no se pueda asegurar la detención por otros medios, se procurará detenerlo con calces u obstáculos eficaces, o incluso procurando el descarrilamiento, si ello evita daños mayores.

Cuando se compruebe la detención en plena vía del material escapado, se procederá a su retirada de acuerdo a lo dispuesto por el PM.

Corte Urgente de Tensión Catenaria

Se cortará la tensión a una línea electrificada, por los medios más rápidos, en caso de peligro inminente o cuando lo pida el Maquinista.

Todo agente que tenga que solicitar el corte urgente de tensión, lo hará por los medios más rápidos, debiendo facilitar los siguientes datos:

Trayecto o estación y vía para el que solicita el corte.

Deberá tenerse en cuenta que, en ciertos casos, el corte inmediato de la tensión puede tener consecuencias que agraven el peligro (incendio de un tren en el interior de un túnel, en las proximidades de la vía, etc.).

Cuando se tenga la seguridad de haber sido corregida la causa y desaparecido el riesgo, se procederá a dar tensión ateniéndose a lo dispuesto en la Consigna que regula los trabajos en la línea electrificada.

Interceptación de la Vía

Cuando existan indicios de que la vía puede estar interceptada (fuerte temporal de agua, nieve o viento, obstáculos en la vía, rotura de carril, avería en la catenaria, etc.), se suspenderá la circulación por la vía o vías afectadas, procediendo a su reconocimiento sin pérdida de tiempo.

El PM determinará la forma de realizar éste reconocimiento y demás actuaciones necesarias, así como la posterior reanudación del servicio.

Cuando se utilice un tren para realizar el reconocimiento, el Maquinista será informado del motivo del mismo y lugar donde debe iniciarlo.

Protección de emergencia de los puntos Interceptados

El objeto es lograr que cualquier circulación que se dirija hacia el punto interceptado, se detenga antes de llegar al mismo.

La forma de actuar dependerá, en cada caso, de las circunstancias, aunque siempre será fundamental la rapidez con que se actúe, en relación con el tren que más próximo se encuentre al lugar de peligro.

Las distintas formas de realizar la protección de emergencia son:

o Accionando desde la cabina del vehículo motor en marcha, el pulsador de parada de emergencia que provoca que los trenes que circulen por vía contigua reciban la orden de parada de emergencia.

o Mediante la radiotelefonía.

o Ordenando parada ante una señal fija o pantalla de BCA.

o Mediante la barra o útil de cortocircuito.

o Presentando la señal de parada a mano.

o Haciendo la señal de alarma.

Forma de proceder en caso de interceptación:

Obstáculos que afecten al gálibo, deformación de la vía, rotura de carril, hundimientos de puentes o túneles e interceptación de características similares. Se aplicará la protección de emergencia.

Trenes o cortes de material detenidos en plena vía. Se aplicará la protección de emergencia por detrás cuando se encuentren descarrilados totalmente.

Trenes o cortes de material que invadan el gálibo de la vía contigua. Se aplicará la protección de emergencia en la vía contigua.

Trabajos y pruebas

Autorización para realización de trabajos

Se denomina zona de seguridad a la comprendida entre las líneas paralelas equidistantes a 3 metros de los carriles externos de las vías de la línea.

Para la realización de trabajos es preciso la autorización del Centro de Control de Seguridad antes de pasar al recinto limitado por las vallas de cierre.

Para la realización de trabajos con maquinaria o que precisen la ocupación de la zona de seguridad o que puedan afectar al funcionamiento de las instalaciones será necesaria la autorización previa del PM y, salvo casos excepcionales, su programación en el Acta semanal de trabajos.

Prescripciones Generales trabajos autorizados por el PM

Cuando los trabajos se realicen en una vía, y no afecten en ningún momento a la zona exterior de gálibo de la misma, serán compatibles con la circulación de trenes por las vías contiguas con una velocidad máxima por éstas de 160 km/h. Si los trabajos se realizan en el interior de un túnel, o en viaductos la velocidad por la vía contigua será de 120 km/h.

En cualquier caso, el PM podrá disminuir estas velocidades máximas, si lo considera conveniente.

Si los trabajos se realizan con maquinaria o afectan a la zona de seguridad serán vigilados por un Piloto de seguridad.

En función de la consistencia y duración de los trabajos, el PM determinará cuál de los regímenes de trabajo previstos a continuación deberá aplicar.

Régimen de entrega de vía bloqueada (EVB)

Cuando los trabajos se realicen en una vía, y no afecten en ningún momento a la zona exterior de gálibo de la misma, serán:

Condiciones para su aplicación:

1. Se aplicará a los trenes de trabajos, maquinaria de vía o vagonetas para el trayecto o trayectos en que han de operar, y a los trenes de pruebas cuando así se indique en la Consigna correspondiente.

2. Exista comunicación telefónica entre el Responsable de circulación y el Encargado de los trabajos o pruebas.

3. Lo autorice el Responsable de circulación, quién fijará el tiempo de ocupación de la vía.

4. La entrega de vía bloqueada se podrá establecer entre dos o más estaciones.

5. El trayecto o trayectos se encuentren libres de trenes.

Prescripciones de circulación:

1. El Maquinista tendrá presente que los vehículos motores dotados de equipo de BCA deben salir de origen con el sistema desconectado cuando vayan a circular con EVB, excepto que se prescriba lo contrario en la correspondiente Consigna de pruebas.

2. El Maquinista o conductor de maquinaria de vía se atendrá a las instrucciones del Encargado de trabajos/pruebas sobre las operaciones a realizar, paradas, movimientos de avances, retroceso y de las condiciones de marcha.

3. Los trenes o maquinaria de vía cuando circulen con EVB, respetarán las señales fijas fundamentales desde el origen al destino.

4. Las indicaciones de las señales de entrada o salida de las estaciones, en el tramo de vía concedido para los trabajos, se abrirán exclusivamente con la indicación de Maniobra Autorizada.

5. Las Consignas de pruebas establecerán las indicaciones de las señales fijas fundamentales para la realización de las mismas.

Régimen de Intervalo de liberación por tiempo (ILT)

Condiciones para su aplicación:

1. Se trate de trabajos en la vía sin maquinaria.

2. Exista comunicación permanente entre el Responsable de circulación y el Encargado de los trabajos o Piloto de seguridad.

3. El Encargado de trabajos o Piloto de seguridad curse petición verbal al Responsable de circulación del punto kilométrico donde se deba desarrollar el trabajo de vía, y la duración del mismo.

4. Lo autorice el Responsable de circulación, quien fijará el tiempo máximo de ocupación de vía y establecerá la prohibición de bloqueo en el trayecto o del establecimiento de itinerario por vía de la estación donde se realicen los trabajos de vía.

5. El Encargado de los trabajos o Piloto de seguridad una vez autorizado para realizar el trabajo en la vía o vías colocará antes de iniciar el mismo, la barra o útil de "cortocircuito", hasta la hora que le fue concedido, debiendo recibir la confirmación de la ocupación artificial del circuito de vía por parte del Responsable de circulación.

6. En los casos excepcionales que se autoricen trabajos con circulación por la otra vía con reducción de velocidad, el Responsable de circulación comunicará durante el intervalo concedido a todas las circulaciones que efectúen paso por vía contigua, la existencia de trabajo y punto kilométrico donde se desarrollan, con reducción de velocidad que en su caso corresponda.

Restablecimiento:

Una vez finalizado el tiempo máximo de ocupación, o antes si hubieran finalizado los trabajos, y se haya retirado el personal y herramientas.

El Encargado o Piloto de seguridad retirará la barra o útil de "cortocircuito" de la vía y comunicará al Responsable de circulación verbalmente el abandono de la vía, así como de las posibles limitaciones de velocidad en su caso.

El Responsable de circulación, retirará la prohibición de bloqueo en ambos sentidos del trayecto donde se han realizado los trabajos, considerando la vía o vías liberadas.

Para la circulación normal de trenes, si le fue indicada alguna limitación de velocidad, tomará las medidas adecuadas para el cumplimiento de la misma al paso de los trenes por ese punto kilométrico.

Trenes de Trabajo

Los trenes convencionales de trabajos, están sometidos a las prescripciones del RCF en cuanto a circulación y bloqueo. Además deberán cumplir lo establecido en lo referente a composición, frenado y señales del tren.

Los trenes no convencionales de trabajos, cuando operen al amparo del bloqueo EVB, no están sometidos a las prescripciones generales, excepción hecha de las indicadas expresamente para las vagonetas y máquinas de vía.

La formación de estos trenes, en los trayectos donde han de operar, se hará de acuerdo con las disposiciones de seguridad de los organismos técnicos competentes y, en su defecto, del Encargado de trabajos.

Cuando se opere al amparo del bloqueo EVB, los trenes utilizados no precisan identificación, pero si conviniera utilizarla, se designarán con la letra T seguida de un número par o impar de acuerdo con el sentido de la circulación en la estación expedidora.

Los trenes convencionales de trabajos conservarán, sin embargo, su identificación de procedencia.

En los trayectos donde se aplique el bloqueo EVB, los trenes de trabajos podrán ser fraccionados, cuando el Encargado lo disponga y se adopten las medidas adecuadas para asegurar la inmovilidad del corte separado del vehículo motor.

En los trayectos con declividad superior a 10 mm/m se situará el vehículo motor en el lado de posible deriva, excepto cuando el tren lleve freno automático en toda la composición. Esta misma precaución se adoptará en caso de fraccionamiento.

Los movimientos que deban efectuar los trenes en trayectos donde se aplique el bloqueo EVB, serán dispuestos por el Encargado, que adoptará las medidas necesarias para garantizar la seguridad de dichos movimientos, instruyendo al Maquinista o Maquinistas en la forma de proceder.

Antes de finalizar las operaciones, el Encargado se asegurará de que la vía queda libre de obstáculos y en condiciones aptas para la circulación.

Durante la descarga de materiales, el Encargado se asegurará que éstos no interfieren el gálibo y si se trata de balasto, que éste no impide el paso de las ruedas por su indebida acumulación sobre el carril.

Trenes de Pruebas

La circulación de un tren de pruebas se regulará por una Consigna de Pruebas, en la que se indicarán las prescripciones especiales que deberán cumplirse respecto a la circulación, bloqueo, composición, velocidad, frenado, reanudación de la sucesión de trenes, etc.

Bloqueo de trenes

El objeto del bloqueo es garantizar la seguridad de la circulación de los trenes por la misma vía, manteniendo entre los mismos la distancia necesaria para que no colisionen en su marcha.

Tipos de Bloqueo

Los tipos de bloqueo son:

- o Bloqueo de Control Automático (BCA)

- o Bloqueo Automático Supletorio (BAS)

- o Entrega de Vía Bloqueada (EVB)

El BCA es el bloqueo que se emplea normalmente.

El BAS se emplea con carácter supletorio, cuando no funcione el BCA.

El EVB se emplea para concertar la circulación de trenes de trabajos, vagonetas y máquinas de vía en el trayecto que han de operar y de trenes de pruebas cuando se indique expresamente.

Cantón de Bloqueo

Se considera cantón, en:

BCA, la parte de cada una de las vías comprendida entre pantallas de señales de entrada o salida.

BAS, la parte de cada una de las vías comprendida entre la señal de salida y la de entrada de una estación colateral.

EVB, la parte de cada una de las vías comprendida entre las estaciones extremas en que se establece el bloqueo.

Intervención en el bloqueo:

1. La dirección de la circulación y el accionamiento de las agujas, señales y demás aparatos de las estaciones, la llevarán a cabo:

El Responsable de circulación del PM cuando se funcione con el mando centralizado.

El Responsable de circulación del PLO cuando asuma en su estación las funciones del Responsable de circulación del PM por funcionar con el ML.

2. Los Responsables de circulación cuando presten servicio en estaciones con PLO y los Maquinistas, intervendrán parcialmente en el bloqueo cuando el Responsable de circulación del PM lo disponga, con objeto de asegurar las maniobras en vías de circulación, comunicar la llegada o apartado de trenes y para transmitir sus órdenes.

3. Los Responsables de circulación del PLO se abstendrán, en condiciones normales, de accionar el cuadro de ML, sin orden expresa y, sin la autorización eléctrica del Responsable de circulación del PM, salvo si se trata de evitar accidentes, en cuyo caso, podrán tomar el ML por emergencia y situar agujas y señales en la posición que aconsejen las circunstancias.

Cuando convenga al servicio, el Responsable de circulación del PM, podrá ordenar a los Responsables de circulación de los PLO la toma del ML, después de informarles de la situación de los trenes. Cuando cesen las causas que motivaron la toma del ML, el Responsable de circulación del PM se hará cargo del mando centralizado.

Bloqueo de Control Automático

La distancia de seguridad entre trenes se mantiene, regulando la velocidad, de modo que en ningún momento se supere la Velocidad Límite.

Para que un tren pueda circular con BCA, es necesario que disponga de un porcentaje de frenado igual o superior al 60%. Cuando los trenes circulen al amparo del BCA, las señales fijas no tendrán validez alguna.

El Maquinista entenderá por Orden de Marcha, cualquier valor de la Velocidad Límite distinta de cero.

Bloqueo de Control Automático Supletorio:

La distancia de seguridad entre trenes se mantiene por medio de las indicaciones que presentan las señales que protegen los cantones.

Se aplica cuando no funcione el BCA o se disponga por el Responsable de circulación que los trenes circulen al amparo del BAS, entre dos o más estaciones. Se respetarán en todos los casos las indicaciones de las señales fijas.

Se dará orden de marcha a los Maquinistas, tanto de los trenes directos como parados, con la orden de la señal de salida.

El Maquinista que circule al amparo del BAS, cumplirá por propia iniciativa las siguientes velocidades:

1. Por vía preferente.

o 200 km/h. con ASFA en servicio.

o 140 km/h. sin ASFA.

2. Por vía no preferente.

o 80 Km/h. en cualquier caso.

o Composición de trenes.

Formación de trenes

El número máximo de ejes en la composición será de 80.

Serán formados con vehículos cuya velocidad máxima corresponda al Tipo del tren.

En ningún caso, la carga remolcada podrá exceder de la carga máxima de la locomotora o locomotoras que remolquen el tren.

Locomotoras en la composición del tren:

Normalmente, el número máximo de locomotoras que pueden ir en servicio en un tren convencional será dos locomotoras en cabeza, bien con mando múltiple o en doble tracción.

En casos especiales, podrá regularse por Consigna que se exceda el número de locomotoras previsto en el punto 1.

Con independencia de la locomotora o locomotoras que remolquen un tren, el PM podrá disponer, que se agreguen a la composición otras locomotoras sin servicio que se considerarán como un vehículo remolcado.

Mando múltiple

Los vehículos motores que tengan mando múltiple lo llevarán siempre en servicio cuando circulen junto a otros que lo tengan compatible.

La circulación con mando múltiple no está condicionada por ninguna limitación de velocidad.

Cuando el mando múltiple no funcione se utilizará la tracción múltiple.

Tracción múltiple

Cuando el tren vaya en doble tracción y lleve freno automático en toda la composición controlado sólo por el Maquinista de cabeza, de forma que al efectuar un frenado de servicio, se corte la tracción del segundo vehículo, los Maquinistas no excederán de:

o 140km/h para locomotoras

o 200 km/h para automotores AVE

Si por anomalía técnica en el automotor AVE que no va en cabeza, no se produce el corte de tracción al aplicar el freno de servicio, circulará como material remolcado, no existiendo en este caso limitación de velocidad.

Si por anomalía técnica en la locomotora que no va en cabeza, no se produce el corte de tracción al aplicar el freno de servicio, se circulará a la velocidad de 120 km/h.

Los Maquinistas de los vehículos motores que no vayan en cabeza, se abstendrán de accionar el mando del freno y sólo utilizarán el dispositivo de urgencia cuando observen un peligro inminente.

Con objeto de que coordinen la tracción entre ellos, la comunicación entre los Maquinistas se realizará por telefonía interior. Si esto no es posible, los Maquinistas pasarán a la modalidad C de radiotelefonía.

Trenes empujados

No excederán de 100 km/h, cuando se cumplan las siguientes condiciones:

Que el Maquinista ocupe una cabina situada en primer lugar en el sentido del movimiento y disponga de silbato y foco de gran intensidad.

Que el Maquinista tenga mando moderable del freno automático, en toda la composición.

Que al efectuar un frenado de servicio, se corte la tracción de la locomotora de cola.

Que tengan teléfono u otro medio de comunicación con el Maquinista de la locomotora que empuja.

No excederán de 50 km/h cuando se cumplan las siguientes condiciones:

Que el Maquinista esté situado en primer lugar en el sentido del movimiento y disponga de silbato y foco de gran intensidad.

Que el Maquinista tenga mando del freno de emergencia en toda la composición.

Que tengan teléfono u otro medio de comunicación con el Maquinista de la locomotora que empuja.

No excederán de 20 km/h cuando no se cumpla alguna de las condiciones anteriores.

Los trenes detenidos en plena vía por no poder circular por sí mismos, podrán ser empujados por otro tren cuando las circunstancias lo aconsejen, a juicio del PM, siempre que las condiciones técnicas lo permitan.

Si el tren que va a empujar no está ya a la cola del otro, se notificará al Maquinista el punto de la detención, y se le ordenará circular, desde la estación anterior, en condiciones de detenerse antes de alcanzarlo.

Remolque de locomotoras

Las locomotoras remolcadas deberán cumplir los requisitos de freno como cualquier otro vehículo remolcado, para lo cual se deberá asegurar el mando de freno a su posición neutra y tener aflojados los frenos de estacionamiento.

Se deberá prestar atención al acoplamiento de la manga de depósitos principales (TDP 10 kg/cm2) además de la de freno (TFA 5 kg/cm2) para poder tener útil el freno.

La circulación de locomotoras remolcadas puede estar sujeta por razones técnicas a la limitación de velocidad que se especifique en el Manual de Circulación.

Las locomotoras remolcadas con freno neumático inútil no podrán circular en cola.

Remolque de automotores AVE por locomotoras

Automotor AVE con freno automático útil.

Si el automotor AVE lleva el sistema de antibloqueo en servicio y se puede accionar el freno automático del automotor desde la locomotora, se podrá circular a la velocidad máxima de la locomotora, si no existe ningún otro condicionante.

Si el automotor AVE no puede llevar el sistema de antibloqueo en servicio o no es posible el acoplamiento neumático con la locomotora, se respetará la velocidad máxima de 80 km/h siempre que exista comunicación entre el Maquinista de la locomotora y del automotor, ya sea por radiotelefonía u otro medio.

En caso de falta de comunicación entre los Maquinistas no se excederá la velocidad de 50 km/h.

Automotor AVE con freno neumático inútil.

Si la totalidad del freno neumático del tren está fuera de servicio, sólo se podrá remolcar excepcionalmente con dos locomotoras, una en cabeza y otra en cola, respetando la velocidad máxima de 50 km/h.

Conducción de trenes

Conocimiento de la línea

El Maquinista que haya de circular por la línea, deberá tener acreditado el conocimiento de su señalización y demás características peculiares de la misma.

Se requerirá una nueva acreditación, cuando lleven más de un año sin circular por ella.

Los Maquinistas que no estén acreditados para circular por la línea, irán acompañados por otro agente conocedor de la misma.

No será necesario el conocimiento de la línea cuando se circule con marcha a la vista o marcha de maniobras

Dotación del personal

Salvo en los casos que expresamente se citan, la dotación de personal de conducción será de un Maquinista por tren, cuando lleven en servicio:

o Freno por aire comprimido.

o Dispositivo de vigilancia.

o Sistema BCA o ASFA.

o Radiotelefonía.

o Mando múltiple, si van dos o más vehículos motores.

La dotación de los trenes empujados será de dos Maquinistas, excepto en casos de anormalidad o accidente en los que un agente autorizado para circulación pasará a ocupar la primera cabina en el sentido de marcha.

Las vagonetas y máquinas de vía sin dispositivo de vigilancia, deberán ir acompañadas por Personal de infraestructura.

Dirección de la marcha

La dirección de la marcha corresponde al Maquinista que ocupa la cabina situada en primer lugar en el sentido del movimiento.

El Maquinista podrá delegar la dirección de la marcha y la responsabilidad de la conducción del tren en los siguientes agentes cuando estén habilitados:

Otro Maquinista si está justificado y por el tiempo imprescindible.

Un agente monitor, en funciones de formación.

Otros agentes superiores.

Con fines de aprendizaje, el Agente no habilitado para la conducción, podrá conducir un vehículo motor bajo la directa responsabilidad y la presencia del Maquinista.

Personal en lugares reservados para el servicio de trenes

El número máximo de personas que pueden ir en la cabina de conducción de los vehículos motores será de cinco, incluido el Maquinista.

En los trenes de pruebas, el Encargado de la misma determinará, en cada caso, el número de personas que pueden ir en la cabina de conducción, adoptando las medidas de seguridad que considere oportunas.

En las cabinas que no sean de conducción, el número de personas sólo está limitado por el espacio de que dispongan, debiendo éstas abstenerse de manipular los mandos u otros dispositivos de las mismas.

Pueden viajar en las cabinas los agentes u otras personas con una autorización específica para ello.

Los agentes o personas que viajen en la cabina de conducción se abstendrán de distraer al Maquinista, en el cumplimiento de sus obligaciones.

Si estuvieran habilitados para funciones de circulación, podrá exigírseles responsabilidad en caso de infracción reglamentaria del Maquinista.

En los trenes automotores, los Agentes de servicio en el tren y otros agentes sin servicio, no permanecerán en la cabina de conducción, salvo en caso de anormalidad o indisposición del Maquinista.

Condiciones de frenado

Frenado Automático

Frenado disponible:

Cuando por anormalidad del material sea necesario anular el freno neumático de algún eje, el PM notificará al Maquinista la velocidad máxima de circulación de acuerdo con las tablas recogidas en la Norma Técnica existente.

Llave de aislamiento, palanca del cambiador de potencia y de régimen

Todos los vehículos las llevarán en la posición adecuada, siendo ésta, función de la carga del vehículo, tipo de tren y clase de frenado.

Valores mínimos en los manómetros:

Los Maquinistas de los trenes, no iniciarán la marcha de las estaciones o lugares en que efectúen parada sin haber hecho presión en todos los vehículos, ni haber comprobado que el manómetro marca 5 kg/cm2 (se admite una tolerancia de 0,15 kg/cm2), con el mando del freno en posición de "marcha". También comprobarán la presión de los depósitos principales (de 7 a 10 Kg/cm2), según la serie de locomotora.

Accionamiento:

1. El freno automático será controlado, salvo anormalidad, por el Maquinista de cabeza.

2. Se accionará el freno con moderación al principio, para evitar las consecuencias que las bruscas frenadas pueden producir, salvo en casos de detención inmediata.

3. Al iniciar la marcha y siempre que el Maquinista lo estime necesario, actuará sobre el freno para comprobar que responde adecuadamente.

4. En caso de peligro inminente, el Maquinista accionará el dispositivo de urgencia, con independencia de los restantes dispositivos de seguridad en servicio.

5. Siempre se accionará el freno antes de que la locomotora se separe de la composición.

Uso de la válvula de aflojamiento:

1. En los vehículos separados de las locomotoras en las estaciones y en maniobras serán accionadas, cuando sea necesario.

2. Después de haber accionado la válvula de aflojamiento en uno o más vehículos de un tren, hay que esperar unos tres minutos para que el freno por aire comprimido entre de nuevo en servicio.

3. Está prohibido deformar las varillas (cadenillas) de las válvulas de aflojamiento o bloquearlas de modo permanente. En estas condiciones, el vehículo queda sin freno con el consiguiente riesgo para la seguridad de la circulación.

Frenado de Estacionamiento:

Accionamiento:

El freno de estacionamiento que llevan los trenes se utilizará para inmovilizarlos antes de que el freno automático pierda su eficacia, por:

Haberse separado la locomotora de la composición.

No ser posible reponer el grado de presión por el vehículo motor.

Quedar un corte de material fraccionado en plena vía, o segregado en una vía de la estación.

El freno automático apretado al máximo, es decir, vaciando completamente la tubería general de freno, no pierde su eficacia hasta transcurridos 90 minutos.

Cuando se presenten las circunstancias indicadas en el punto anterior, el Maquinista apretará u ordenará apretar los frenos de estacionamiento de la composición o corte fraccionado.

Pruebas de Frenado

Eficacia de los frenos:

1. El frenado de los trenes debe funcionar correctamente, pues de su eficacia depende, en gran medida, la seguridad de la circulación. Con este objeto, antes de expedir un tren de la estación de origen o de una intermedia donde se modifique su composición, es preciso llevar a cabo, con meticulosidad, las pruebas de funcionamiento del freno que se indican en este Capítulo, así como la comprobación del apriete y afloje de las zapatas.

2. Para llevar a cabo las pruebas de frenado, es requisito imprescindible que los dispositivos de freno estén en la posición adecuada, ya que una posición incorrecta de los mismos influye decisivamente sobre la capacidad de frenado.

3. Corresponde al agente designado al efecto, y en su ausencia al Maquinista, comprobar en las composiciones de los trenes a expedir que:

Los semiacoplamientos están enganchados y el del vehículo de cola alojado en el soporte.

Las palancas del cambiador de potencia están en la posición V o C que corresponde según la carga.

Las palancas del cambiador de régimen están en la posición R o P.

Las llaves de aislamiento están en posición "conectado", salvo que el freno del vehículo se encuentre averiado o esté prescrita su desconexión.

Los frenos de estacionamiento están aflojados.

En caso de mando múltiple o de remolque de una locomotora, que la segunda de ellas tiene sus dispositivos de freno en la posición adecuada.

Clasificación y realización de las pruebas:

1. Prueba completa.

Asegura: La continuidad en la tubería general de toda la composición. El buen funcionamiento, al apretar y aflojar, de todos los frenos que vayan en servicio de la composición.

Realización: Antes de la salida del tren de la estación o lugar de origen.

2. Prueba parcial.

Asegura: La continuidad en la tubería general de toda la composición, así como el apriete y afloje del freno del último vehículo con freno. El buen funcionamiento, al apretar y aflojar, del freno de cada vehículo que se agregue a la composición.

Realización: Antes de la salida del tren de una estación o lugar en que se agreguen vehículos a la composición.

3. Prueba de continuidad.

Asegura: La continuidad en la tubería general de toda la composición, así como el apriete y afloje del freno del último vehículo con freno.

Realización: Cuando se agregue una locomotora en cola para dar tracción. Siempre que haya sido preciso interrumpir la continuidad de la tubería general, aunque no haya habido agregación ni segregación de vehículos.

Cuando se unan dos ramas, sin modificar sus composiciones.

4. Verificación del acoplamiento.

Asegura: El restablecimiento de la continuidad de la tubería general, así como el apriete y el afloje del freno del primer vehículo, con freno, remolcado.

Realización: Cuando haya que cambiar la locomotora de cabeza o pasarla de cabeza a cola. Cuando se agregue otra locomotora por cabeza, en caso de múltiple tracción o mando múltiple. Cuando se segreguen uno o varios vehículos por cabeza.

Para realizar esta prueba, es preciso que las operaciones anteriores se realicen en un tiempo inferior a 30 minutos. Si se excediera, se procederá a realizar la prueba de continuidad.

5. Supresión de las pruebas.

No es preciso realizar las pruebas, en los siguientes casos:

Segregación de uno o varios vehículos de cola. El Agente de maniobras informará al Maquinista de la terminación de la operación y el Maquinista comprobará el funcionamiento correcto del freno observando el manómetro al efectuar el apriete de los frenos seguido del afloje de los mismos.

Segregación de la locomotora de cabeza en caso de múltiple tracción o mando múltiple. El Maquinista realizará la misma comprobación que en el apartado anterior.

Cambio de la palanca del cambiador de potencia o de régimen en todos o parte de los vehículos remolcados.

Aislamiento del freno de los vehículos remolcados mediante la llave correspondiente.

Reposición de un aparato de alarma.

Relevo del Maquinista al paso, siempre que el saliente no haya observado ninguna anormalidad.

Maniobras

Dirección y realización

Dirigir las maniobras consiste en dar las instrucciones necesarias sobre su objeto, finalidad, momento y lugar en que deben realizarse, teniendo en cuenta la compatibilidad o incompatibilidad con otros movimientos.

Realizar maniobras, consiste en poner en práctica las instrucciones dadas por el responsable de dirigirlas, con las garantías suficientes para la seguridad.

Obligaciones del agente responsable

Corresponde dirigir las maniobras al Resposable de circulación o a otro Agente, si lo determina la Consigna de la estación, mediante las siguientes prescripciones:

1. Autorizar el inicio y la suspensión de las maniobras.

2. Dar las instrucciones necesarias a los Agentes de maniobras y asegurarse de su cumplimiento.

3. Comunicarles, si les afectase, los movimientos de trenes, de otras maniobras autorizadas y de la realización de trabajos en la vía o en sus proximidades.

4. Coordinar los movimientos de las maniobras si tienen lugar simultáneamente en más de una zona de la estación.

5. Comprobar que las señales garantizan la compatibilidad de la maniobra con cualquier otro movimiento de trenes existente.

6. Autorizar el estacionamiento de material en vías de circulación, solicitando la conformidad del PM y adoptando las medidas oportunas en casos especiales.

Movimientos de maniobras

Los agentes que ordenen movimientos de maniobras cumplirán las siguientes prescripciones:

1. Antes de iniciar el movimiento, informarán al Maquinista de las operaciones a realizar.

Cuando se trate de maniobras en ruta, informarán, también, al Maquinista de las particularidades locales del lugar, que pudiera desconocer.

2. Comprobarán que las agujas y señales garantizan que otros trenes o maniobras no interceptan ni pueden llegar a interceptar el itinerario previsto.

3. Se asegurarán de que los piquetes de entrevías están libres y que las agujas y demás aparatos afectados por el itinerario, están dispuestos en la posición adecuada.

4. Retirarán los calces de mano o antideriva que pudieran impedir el movimiento.

Obligaciones del agente de maniobras

Corresponde al Agente de maniobras cumplir las siguientes prescripciones:

1. Informar al mando inmediato de cualquier anormalidad que observe en el material, vías, agujas, etc. y en cualquier instalación que afecte a la circulación, tomando por su parte las medidas oportunas.

2. Vigilar el itinerario a recorrer, transmitir al Maquinista las señales necesarias y llamar la atención de las personas que pudieran estar sobre la vía.

3. Advertir a las personas que se encuentren en los vehículos, que se va a iniciar la maniobra, con el fin de que se protejan adecuadamente.

4. Colocar los semiacoplamientos sin servicio, en sus soportes.

5. Comprobar en los trenes o cortes de material a expedir, que los frenos de estacionamiento se encuentran aflojados y disponer en posición correcta los elementos del enganche así como los cambiadores de potencia y de régimen.

Obligaciones del maquinista

Corresponde al Maquinista cumplir las siguientes prescripciones:

1. Permanecer continuamente atento a las indicaciones de los Agentes de maniobras.

2. Efectuar con suavidad, los movimientos de juntar, especialmente cuando se maniobre con vehículos ocupados por personas.

3. En las maniobras que se realicen empujando, efectuará detención inmediata en cuanto deje de percibir las indicaciones por el Agente de maniobras.

4. Aunque lo permitan las señales fijas, no iniciará movimiento alguno sin que se lo ordene el Agente de maniobras, cuando así esté previsto en la Consigna.

5. Los movimientos se realizarán con marcha de maniobras.

Maniobras trenes de trabajo

Los Conductores de las vagonetas y máquinas de vía, así como el Personal de infraestructura, podrán tomar a su cargo la realización de maniobras cuando se trate de material destinado a trabajos en la vía.

Inmovilización del material

Durante las maniobras, los vehículos y cortes de material pueden no estar inmovilizados, siempre que no haya posibilidad de que puedan ponerse en movimiento por sí mismos.

Los cortes de material, separados de la locomotora se inmovilizarán por la acción del freno automático.

Si el estacionamiento excediera de 90 minutos, la inmovilización se asegurará apretando los frenos de estacionamiento.

El material remolcado depositado en las vías de las estaciones, estará enganchado, formando cortes, con los frenos de estacionamiento apretados según las proporciones siguientes:

DECLIVIDAD (mm/m)	PROPORCIÓN DE VEHÍCULOS INMOVILIZADOS
0 - 2	1 de cada 50
3 - 5	1 de cada 20
6 - 16	1 de cada 8
17 - 25	1 de cada 5

Cuando el estacionamiento se realice por un tiempo prolongado, se situarán calces antideriva en las ruedas extremas, prohibiéndose el uso de calces de mano, piedras, maderas, traviesas, etc., que carecen de garantía suficiente para inmovilizar el material.

En este caso, el estacionamiento se realizará preferentemente en aquellas vías que cuenten con culatones de seguridad en ambos extremos.

Las locomotoras, automotores, máquinas de vía, vagonetas y vehículos similares, tendrán asegurada su inmovilidad con los frenos de servicio y de estacionamiento apretados y las puertas de las cabinas cerradas con llave. Además tendrán los mandos de freno de servicio y la tracción enclavados mediante inversor, maneta, llaves, etc., según se especifique en sus manuales de conducción.

Maniobras en zonas con declividad superior a 3mm/m

Las maniobras se realizarán según las circunstancias:

Con la locomotora situada por el lado de la pendiente.

Con el freno automático acoplado y en servicio, en todo el corte.

En la Consigna CAV de la estación se podrán desarrollar estas modalidades y precisar el procedimiento para cada caso.

Maniobras por radio

Se denominan maniobras por radio, las que se realizan, con comunicación entre el Agente de maniobras y el Maquinista, mediante:

Un aparato de radio portátil y la radiotelefonía del vehículo motor.

Dos aparatos de radio portátiles.

2. Cuando se utilice la radiotelefonía del vehículo motor, el Maquinista podrá pasar a la modalidad C, antes de iniciar la maniobra, sin necesidad de pedir autorización al PM.

3. Antes de iniciar los movimientos, el Agente de maniobras indicará al Maquinista los términos utilizados para identificarse mutuamente. Por ejemplo:

«Maniobras puesto ......», «Locomotora núm. ......», «Locomotora tren ......».

4. El Agente de maniobras deberá informar previamente al Maquinista de las operaciones a realizar, advirtiéndole que dicha información no debe considerarla como una orden de maniobras.

A continuación, ordenará el movimiento, indicando al Maquinista:

Identificación del destinatario.

Cuando sea preciso, indicará la continuación del movimiento o su amplitud.

En los movimientos de juntar, la orden de «empujar despacio» puede ser complementada con la indicación de la distancia existente entre los cortes.

Por ejemplo: «20 metros, 10 metros, 5 metros, 2 metros», «3 vehículos, 2 vehículos, 1 vehículo», «parar».

5. Cuando la comunicación directa no sea posible, podrá utilizarse un agente intermediario, debiendo tenerse en cuenta que:

Sólo el Agente de maniobras está autorizado para dar órdenes o aclaraciones al Maquinista salvo la de parada, que todo agente puede dar.

El Agente de maniobras comunicará personalmente al Maquinista la existencia del intermediario.

6. Cuando se averíe el aparato de radio o funcione defectuosamente, el Maquinista deberá detenerse y solicitar instrucciones del Agente de maniobras.

7. Los aparatos de radio estarán siempre en la posición «recepción» salvo el tiempo estrictamente necesario para transmitir.

8. En los momentos críticos en que haya que garantizar una comunicación permanente, es necesario repetir continuamente el mensaje para detectar una posible interrupción de la transmisión.

9. Las normas de este artículo, podrán ser complementadas por una Consigna, cuando se estime necesario.

11. PROGRAMACIÓN DE TRABAJOS EN LÍNEAS DE ALTA VELOCIDAD

Procedimiento de acceso a la traza

Para el acceso en las líneas de alta velocidad a la traza de la vía a través del vallado que la delimita, así como a todas las instalaciones con cierre perimetral, como subestaciones, autotransformadores del sistema 2x25 kV, BTS (bases de telefonía GSM-R), antenas de operadores de telefonía privadas, casetas de instalaciones y edificios técnicos, es necesario realizar llamada al CPS de la línea correspondiente para:

o Identificarse.

o Solicitar autorización de acceso.

o Identificar el punto de acceso (punto kilométrico, puerta, etc.).

Especificar los motivos que justifican el acceso.

De este modo, el CPS tienen conocimiento centralizado del personal que accede a la traza por cada punto, notificándolo a las patrullas móviles, las cuales podrán realizar comprobaciones e inspecciones al respecto, incluso fuera del vallado, pero en la zona de dominio público.

Además cuando sea necesario entrar en una BTS que pueda afectar a la comunicación GSMR con los trenes, se avisará al puesto de mantenimiento de comunicaciones del correspondiente PM/CRC. Igualmente, cuando se acceda a una S/E o autotransformador se deberá comunicar al telemando del PM/CRC al que pertenece.

Si el motivo que justifique el acceso es para realizar trabajos, el personal de mantenimiento tendrá en cuenta lo siguiente:

1. Los trabajos no podrán afectar a la Zona de Seguridad.

2. Los trabajos se realizarán sin maquinaria.

3. Los trabajos no podrán afectar a las instalaciones de seguridad.

Al abandonar el recinto vallado, también se notificará la salida al CPS.

Acceso a la zona de seguridad

Se denomina Zona de Seguridad a la comprendida entre las líneas paralelas equidistantes a 3 metros de los carriles externos de las vías de la línea.

En alusión a los pasos superiores y emboquilles de túneles, se aclara que dichas referencias son ilimitadas en altura.

El acceso a la misma o a las instalaciones de seguridad, tiene que ser siempre autorizado por el PM/CRC correspondiente, además de disponer previamente de la autorización de acceso a la traza.

Todos los trabajos recogidos en este punto deberán estar reflejados en el Acta Semanal de Trabajos a través de la aplicación de gestión integral de mantenimiento, salvo en los casos de incidencia, anormalidad o imprevistos urgentes. Además, antes de su inicio, deberán ser autorizados por el correspondiente PM/CRC.

Para la realización de todos los trabajos se cumplirán los procedimientos y protocolos reglamentarios vigentes por el personal habilitado a estos efectos.

Programación de trabajos

Conceptos básicos:

Acta Semanal de trabajos: Es el documento elaborado por los CRC donde viene recogida la programación de los trabajos. Se establece un Acta Semanal por cada línea de alta velocidad para las solicitudes aprobadas previstas para la semana posterior a la de su edición.

Ficha complementaria de trabajos: Es el documento elaborado por los CRC que recoge aquellos trabajos de obras o instalaciones puntuales y urgentes, que no haya sido posible incluirlos en el Acta Semanal de Trabajos.

Trabajos de reparación urgente: Son aquellos que, de no realizarse con carácter inmediato, afecten o puedan afectar a la explotación y no pueda demorarse su reparación hasta la banda de mantenimiento, en cuyo caso se programarían mediante la Ficha Complementaria de Trabajos o en Acta Semanal de Trabajos.

Los trabajos de reparación urgente se programarán de forma inmediata el mismo día a través de la aplicación de gestión del mantenimiento, que generará un listado diario, en caso de existir algún trabajo.

Trabajos extraordinarios: Son aquellos trabajos que requieren intervalos que exceden el tiempo previsto en la Banda de Mantenimiento (BM) y que afectan al Plan de Transporte (PT).

Expediente de Obra Extraordinaria (TBP/TBA): Es el documento que elabora la Jefatura de Gestión y Operaciones de la Gerencia de Líneas de Alta Velocidad, tras el estudio del Plan de Obra. Contiene los datos generales de la obra y aquellos específicos que afectan a la circulación, junto a las posibles alteraciones y alternativas al Plan de Transporte de los Operadores.

Dependiendo de la fase en que se encuentre, el expediente de obra se denomina TBP (propuesta de trabajo) o TBA (trabajo autorizado).

PIDAME: Es la herramienta utilizada para la gestión de los trabajos en la infraestructura de todas las líneas de alta velocidad.

Gestión de trabajos:

La gestión de los trabajos se realizará de acuerdo con la normativa vigente, independientemente de estar incluidos en la aplicación de gestión del mantenimiento.

Los trabajos que:

o Excedan el período de la banda de mantenimiento.

Requieran un plan alternativo de transportes.

o Supongan retrasos significativos.

o Necesiten la implantación de Limitaciones Temporales de Velocidad restrictivas.

o Restrinjan la capacidad de la línea o de alguna estación.

Responsables:

Solicitantes: Empresas que solicitan la realización de trabajos.

Mantenimiento: El personal de ADIF encargado del mantenimiento de las infraestructuras de alta velocidad, que gestiona los trabajos recibidos por los solicitantes.

El personal de Mantenimiento será el encargado de realizar el seguimiento de los trabajos que no afecten a la zona de seguridad.

Centro de Regulación y Control (CRC): Es el personal de Circulación de la Gerencia de Líneas de Alta Velocidad encargado de planificar, ejecutar y controlar el tráfico en las infraestructuras de alta de velocidad.

Realiza la programación de trabajos en el Acta semanal de trabajos, las fichas complementarias de trabajos y los trabajos correctivos y predictivos de reparación urgente.

Los Responsables de circulación de los CRC serán los encargados de realizar el seguimiento de los trabajos que afecten a la zona de seguridad.

Jefatura de Gestión y Operaciones y Jefaturas Técnicas de Regulación y Operaciones de Alta Velocidad de la Gerencia de Líneas de Alta Velocidad y Jefatura de Gestión de Tráfico de la Dirección del Centro de Gestión de Red H24: Son los encargados del cumplimiento del proceso para la concesión de los trabajos que excedan los intervalos de la banda de mantenimiento.

Descripción del proceso:

Solicitud de trabajos

Los solicitantes cursan las solicitudes de trabajos.

Responsable: Empresas solicitantes.

Análisis de las solicitudes de trabajos por Mantenimiento

Las solicitudes de trabajos se analizan por el personal designado por mantenimiento para su aprobación o rechazo reclamando cuantas aclaraciones consideren necesarias, estableciendo las restricciones, incompatibilidades y consideraciones oportunas en su ámbito de gestión.

Las solicitudes aprobadas por Mantenimiento que correspondan pasaran a Circulación.

Se comunicará a los solicitantes la aprobación o rechazo de cada trabajo.

Análisis de las solicitudes de trabajos recibidas por Circulación

Las solicitudes de trabajos cursadas por Mantenimiento se analizarán por el CRC para su aprobación o rechazo. Se revisarán las solicitudes, reclamando cuantas aclaraciones se estimen necesarias, así como otras fechas o intervalos alternativos, y si es preciso se establecerá un replanteo, comunicándose a Mantenimiento de acuerdo siempre a la reglamentación vigente de aplicación.

Se comunicará mediante la aplicación de gestión a Mantenimiento la aprobación o rechazo de cada trabajo.

Edición y publicación de las Actas Semanales de Trabajos y Fichas Complementarias de Trabajos

Una vez finalizada la reunión de coordinación de las Actas Semanales de Trabajos y Fichas Complementarias, se editarán y se publicarán en la aplicación de gestión del mantenimiento.

Descripción del software de gestión del mantenimiento

Se define Sistema de Gestión Integral del Mantenimiento basado en un GIS de sistema de Información Geográfica, como una integración organizada de hardware, software y datos geográficos diseñado para capturar, almacenar, manipular, analizar y desplegar en todas sus formas la información, geográficamente referenciada, con el fin de resolver problemas complejos de planificación y gestión .

También puede definirse como un modelo de una parte de la realidad referido a un sistema de coordenadas terrestre y construido para satisfacer unas necesidades concretas de información.

Los GIS cumplen con los siguientes objetivos: integrar, almacenar, editar, analizar, compartir y mostrar la información geográficamente referenciada.

En un sentido más genérico son herramientas que permiten a los usuarios crear consultas interactivas, analizar la información espacial, editar datos, mapas y presentar los resultados de todas estas operaciones.

Metodología

El SIG funciona como una base de datos con información geográfica (datos alfanuméricos) que se encuentra asociada por un identificador común a los objetos gráficos de un mapa digital.

De esta forma, señalando un objeto se conocen sus atributos e, inversamente, preguntando por un registro de la base de datos se puede saber su localización en la cartografía.

El sistema permite separar la información en diferentes capas temáticas y las almacena independientemente, permitiendo trabajar con ellas de manera rápida y sencilla, y facilitando la posibilidad de relacionar la información existente a través de la topología de los objetos, con el fin de generar otra nueva que no podríamos obtener de otra forma.

Las principales cuestiones que puede resolver un Sistema de Información Geográfica, ordenadas de menor a mayor complejidad, son:

o Localización: preguntar por las características de un lugar concreto.

o Condición: el cumplimiento o no de unas condiciones impuestas al sistema.

Tendencia: comparación entre situaciones temporales o espaciales distintas de alguna característica.

o Rutas: cálculo de rutas óptimas entre dos o más puntos.

o Pautas: detección de pautas espaciales.

o Modelos: generación de modelos a partir de fenómenos o actuaciones simuladas.

Por ser tan versátiles, los Sistemas de Información Geográfica, su campo de aplicación es muy amplio, pudiendo utilizarse en la mayoría de las actividades con un componente espacial como es el caso de la gestión del mantenimiento de la infraestructura ferroviaria.

Sistema Software de los SIG

La información geográfica puede ser consultada, transferida, transformada, superpuesta, procesada y mostrada utilizando numerosas aplicaciones de software. El manejo de este tipo de sistemas son llevados a cabo generalmente por profesionales de diversos campos del conocimiento con experiencia en Sistemas de Información Geográfica (cartografía, geografía, topografía, etc.), ya que el uso de estas herramientas requiere una aprendizaje previo que necesita de conocer las bases metodológicas sobre las que se fundamentan.

El software SIG ha cambiado gradualmente su perspectiva hacia la distribución de datos a través de redes. Los SIG que en la actualidad se comercializan son combinaciones de varias aplicaciones interoperables y APIs.

Creación de datos

Antes de introducir datos a un SIG es necesario prepararlos para su uso en este tipo de sistemas. Se requiere transformar datos en bruto o heredados de otros sistemas en un formato utilizable por el software SIG.

Por ejemplo, puede que una fotografía aérea necesite ser ortorrectificada mediante fotogrametría de modo tal que todos sus píxeles sean corregidos digitalmente para que la imagen represente una proyección ortogonal sin efectos de perspectiva y en una misma escala.

Este tipo de transformaciones se pueden distinguir de las que puede llevar a cabo un SIG por el hecho de que, en este último caso, la labor suele ser más compleja y con un mayor consumo de tiempo. Por lo tanto es común que para estos casos se suela utilizar un tipo de software especializado en estas tareas.

Bases de datos geográficas

Una base de datos geográfica o espacial es una base de datos con extensiones que dan soporte de objetos geográficos permitiendo el almacenamiento, indexación, consulta y manipulación de información geográfica y datos espaciales.

Si bien algunas de estas bases de datos geográficas están implementadas para permitir también el uso de funciones de geoprocesamiento, el principal beneficio de estas se centra en la capacidades que ofrecen para el almacenamiento de datos especialmente georrefenciados.

Algunas de estas capacidades incluyen un fácil acceso a este tipo de información mediante el uso de estándares de acceso a bases de datos como los controladores ODBC, la capacidad de unir o vincular fácilmente tablas de datos o la posibilidad de generar una indexación y agrupación de datos espaciales, por ejemplo.

Gestión y análisis

El software de análisis SIG dispone las capas de información geográfica y los atributos asociados a estas de tal manera que facilita el análisis visual de los datos recogidos, permitiendo mostrar esta información en mapas detallados, imágenes o incluso vídeos, con el fin de trasmitir una idea o concepto relativa a un área o región de interés.

SIG móviles

Los Sistemas de Información Geográfica también han dado el salto a los dispositivos móviles (PDA, Smartphone, Tablet PC, etc.). Con la adopción generalizada por parte de estos de dispositivos de localización GPS integrados, el software SIG permite utilizarlos para la captura y manejo de datos en campo.

Estructura de la INFORMACIÓN

El método de trabajo a utilizar se divide en un primer trabajo de campo mediante la recopilación de los datos según la utilización de fichas específicas de mantenimiento.

En segundo término, esa información será compilada en el software de mantenimiento en un posterior trabajo de oficina.

La información se ordena según el siguiente índice:

1.- SISTEMA DE INVENTARIO:

Se tiene toda la información de la L.A.V. geo-referencia en cuanto a mapas, cartografía los siguientes datos de interés:

- o Plataforma: Cerramiento, drenajes, estructuras, explanaciones y túneles.

- o Vía: Ejes plataforma, aparatos de dilatación, desvíos y estaciones, cambiadores de ancho, puntos de acopio de balasto, etc.

2.- PLANIFICACIÓN Y SEGUIMIENTO:

Reúne toda la información necesario para realizar una completa planificación y seguimiento del mantenimiento.

Se divide en:

2.1. Infraestructura:

2.1.1. Recorridos por la traza.

2.1.2. Proyectos de la base de mantenimiento.

2.1.3. Prevención de incendios.

2.1.4. Descaste de conejos.

<u>2.2. Superestructura:</u>

2.2.1. Trabajos maquinaria pesada análisis preventivo.

2.2.2. Recorridos por la traza y ocupaciones de vía.

2.2.3. Programa de inspecciones de vía y de desvíos y aparatos de dilatación.

3.- MANTENIMIENTO INFRAESTRUCTURA:

Incluye los procesos de mantenimiento integral de la infraestructura.

Se divide en:

<u>3.1. Mantenimiento Correctivo:</u>

3.1.1. Partes de trabajo diario.

3.1.2. Trabajos correctivos según recorridos, inspecciones e incidencias.

<u>3.2. Mantenimiento Preventivo:</u>

3.2.1. Recorridos por la traza.

3.2.2. Inspecciones.

3.2.3. Incidencias.

<u>3.3 Obras de terceros</u>

3.3.1. Proyectos de la base de Mantenimiento.

4.- MANTENIMIENTO SUPERESTRUCTURA:

Incluye los procesos de mantenimiento integral de la superestructura.

Se divide en:

<u>4.1. Mantenimiento Correctivo:</u>

4.1.1. Partes de trabajo diario.

4.1.2. Partes averías aparatos.

4.1.3. Limitaciones de velocidad.

4.1.4. Trabajos correctivos según recorridos a píe, inspecciones o incidencias.

<u>4.2. Mantenimiento Preventivo:</u>

4.2.1. Recorridos a píe.

4.2.2. Inspecciones de vía.

4.2.3. Inspecciones de desvíos y aparatos de dilatación.

4.2.4. Incidencias.

4.2.5. Auscultaciones.

4.2.6. Ensayos y pruebas de vía.

4.3. Obras de terceros

4.3.1. Proyectos de la base de Mantenimiento.

5.- VIAJES EN CABINA:

Se realizaran periódicos viajes en cabina para detectar anomalías en la línea. se divide en:

5.1. Infraestructura.

5.2. Superestructura.

6.- CONTROL DEL ALMACEN:

Se realizara el control del stock mediante albaranes que reflejen las entradas y salidas de material, según el siguiente listado:

6.1. Infraestructura

6.1.1. Material de cerramiento.

6.1.2. Material de drenaje.

6.1.3. Señalización ferroviaria.

6.2. Superestructura

6.2.1. Balasto.

6.2.2. Traviesas.

6.2.3. Sujecciones.

6.2.4. Carril.

6.2.5. Material Desvíos y ap. Dilatación.

7.- INFORMES Y GRÁFICOS:

Mediante esta función se generarán todos los listados, informes y gráficos de toda la información de la base de datos interactiva.

12. LAS RAMS APLICADAS AL MANTENIMIENTO FERROVIARIO

Definición de conceptos

Para gestionar la confiabilidad de un proyecto ferroviario se realizan estudios/programas RAMS, de manera que la empresa encargada del mantenimiento de la instalación pueda garantizar y documentar, durante el ciclo de vida del sistema y sus componentes, el cumplimiento de los requisitos de fiabilidad (Reliability), disponibilidad (Availability) y mantenibilidad (Maintainability) especificados en las normas EN50126, EN50128 y EN50129.

Fiabilidad: "La probabilidad de que un elemento pueda realizar una función requerida en condiciones determinadas durante un intervalo de tiempo determinado (t1, t2)".

Disponibilidad: "La capacidad que tienen un producto de hallarse en situación de realizar una función requerida en condiciones determinadas en un momento dado o durante un intervalo de tiempo señalado, suponiendo que se faciliten los recursos externos requeridos".

Mantenibilidad: "La probabilidad de que una acción dada de mantenimiento activo correspondiente a un elemento en unas condiciones de utilización dadas, pueda ser llevada a cabo en un intervalo establecido de tiempo cuando el mantenimiento se realiza en condiciones establecidas y se utilizan procedimientos y recursos establecidos".

Seguridad: "Ausencia de riesgo inaceptable de daño".

Normativa y principios

La Directiva de Interoperabilidad 2008/57/CE, a través de las Especificaciones Técnicas de Interoperabilidad ETI, establece los requisitos de seguridad a cumplir por los subsistemas y constituyentes ferroviarios.

El cumplimiento de los requisitos de Fiabilidad, Disponibilidad, Mantenibilidad y Seguridad (RAMS) se evidencia mediante la aplicación del proceso de seguridad según la normativa CENELEC:

EN50126 Aplicación Ferroviaria – Especificación y Demostración de Fiabilidad, Disponibilidad, Mantenibilidad y Seguridad (RAMS).

EN50129 Aplicación Ferroviaria – Comunicaciones, Señalización y Sistemas de Proceso – Sistemas Electrónicos de Seguridad para Señalización.

EN50128 Aplicación Ferroviaria – Software para el Control Ferroviario y la Protección de Sistemas.

El proceso de seguridad proporciona una metodología sistemática para la planificar, gestionar y supervisar todos los aspectos relacionados con los requisitos RAMS, en función del nivel de integridad SIL exigido. Se trata de una metodología aplicable tanto a nuevos desarrollos como a modificaciones de sistemas en servicio.

El ciclo de vida de un sistema consiste en una secuencia de fases, donde para cada una de ellas se identifican las actividades de seguridad a implementar, de acuerdo a lo establecido en la normativa de seguridad CENELEC.

El ciclo de vida según la normativa CENELEC permite afrontar la gestión de la seguridad de una forma integral partiendo de los siguientes principios:

Nivel de la Integridad de la Seguridad (SIL) basado en:

Integridad ante Fallos Sistemáticos asociados al factor humano.

Integridad ante Fallos Aleatorios asociados a las arquitecturas hardware.

Gestión de Amenazas y la Clasificación Riesgos.

Justificación de la Integridad de Seguridad de los Productos, Subsistemas y Sistemas.

o Gestión de la Calidad.

o Gestión de la Seguridad.

o Seguridad Técnica.

Durante la fase de operación y mantenimiento, se debe garantizar las condiciones de calidad y seguridad de la explotación ferroviaria.

Se establecen procedimientos de mantenimiento, tanto preventivos como correctivos, adecuados para cumplir los objetivos de explotación en términos de seguridad y disponibilidad.

Objetivos y principales actividades

Los objetivos principales asociados al mantenimiento son:

o Proteger a las personas, la integridad y la funcionalidad de los bienes que puedan resultar afectados por la operación.

o Conseguir la necesaria calidad y regularidad de la operación, detectando y eliminando los defectos en el menor tiempo posible.

o Asegurar y mantener en las instalaciones los índices de seguridad, fiabilidad y disponibilidad en los objetivos RAMS establecidos.

A continuación, se identifican las principales fases del ciclo de vida en las que participa el mantenimiento y las actividades RAMS asociadas:

FASE	ACTIVIDADES
MANTENIMIENTO	Revisar la configuración y lista de elementos críticos
	Analizar los riesgos de la fase mantenimiento
	Recopilar condiciones de aplicación relacionadas con la seguridad y los riesgos residuales
	Revisar la cobertura de los procedimientos de mantenimiento
	Revisar los riesgos residuales
SEGUIMIENTO DE LA OPERACIÓN	Realizar seguimiento de incidencias y no conformidades
	Analizar el cumplimiento de los objetivos RAMS operacionales
	Elaborar informes de los índices RAMS
	Realimentar bases de datos e inventarios RAMS - Feedback operacional
MODIFICACIÓN Y ACTUALIZACIÓN	Analizar y evaluar riesgos de las modificaciones
	Recopilar condiciones de aplicación relacionadas con la seguridad al aplicar la modificación en el sistema
	Revisar y actualizar los procedimientos de mantenimiento
	Revisar y actualizar los riesgos residuales
	Revisar y actualizar la configuración y lista de elementos críticos

Procedimientos y métodos analíticos de las RAMS

Para investigar y documentar la disponibilidad del sistema pueden llevarse a cabo un análisis del mismo acorde con los requisitos tecnológicos.

Se suelen emplear las siguientes técnicas analíticas:

o Análisis de modo y efecto de fallo (FMEA) o análisis de modo y efectos de fallo y criticidad (FMECA).

o Análisis de árbol de fallos (FTA).

o Análisis de Markov, diagramas de bloques de fiabilidad.

La estimación de la disponibilidad y del rendimiento operacional del sistema ferroviario la determina la empresa adjudicataria del contrato basándose en indicativos y referencias propias, y resulta especialmente útil para el operador ferroviario y sus justificaciones de coste/beneficios.

Análisis de la criticidad

El análisis de criticidad es una metodología que permite establecer la jerarquía o prioridades de procesos, sistemas y equipos, creando una estructura que facilita la toma de decisiones acertadas y efectivas, direccionando el esfuerzo y los recursos en áreas donde sea más importante y/o necesario mejorar la fiabilidad operacional, basado en la realidad actual.

La mejora de la fiabilidad operacional de cualquier instalación o de sus sistemas y componentes, está asociado con cuatro aspectos fundamentales: fiabilidad del proceso, fiabilidad humana, fiabilidad de los equipos y mantenimiento de los equipos.

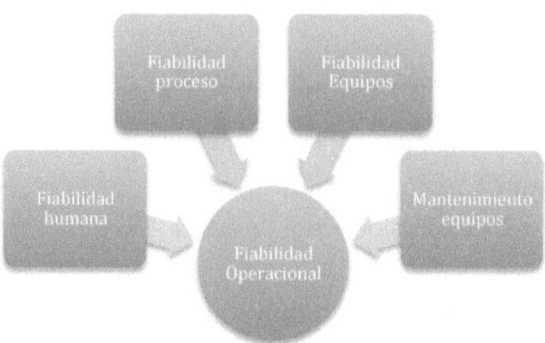

La criticidad se determina cuantitativamente, multiplicando la probabilidad o frecuencia de ocurrencia de una falla por la suma de las consecuencias de la misma, estableciendo rasgos de valores para homologar los criterios de evaluación.

Criticidad = Frecuencia x Consecuencia

El propósito del análisis de criticidad es cuantificar la magnitud relativa de cada efecto de fallo como una ayuda para la toma de decisiones, de manera que con una combinación de criticidad y severidad se pueda establecer la prioridad para la acción de mitigar o minimizar el efecto de determinados fallos.

Uno de los métodos de determinación cuantitativa de criticidad es el número de prioridad del riesgo:

NPR=SxPxD

En donde,

S es un número no dimensional que representa la severidad, es decir, una estimación de qué tan fuerte los efectos del fallo afectarán al sistema o al usuario.

P la probabilidad de ocurrencia de un modo de fallo durante un periodo de tiempo predeterminado o establecido, aunque también puede definirse como un rango numérico más que como la probabilidad de ocurrencia real.

D significa detección, es decir, una estimación de la posibilidad de identificar y eliminar el fallo antes de que se vea afectado el sistema o el cliente.

Este número se clasifica normalmente en orden inverso a partir de los números de severidad o de ocurrencia: a mayor número de detección, es menos probable la detección. La menor probabilidad de detección conduce, en consecuencia, a un mayor NPR y a una mayor prioridad para la resolución del modo de fallo.

Para determinar la criticidad de una unidad o equipo se utiliza una matriz de frecuencia por consecuencia de los fallos. En un eje se representa la frecuencia de los fallos y en otro los impactos o consecuencias en los cuales incurrirá la unidad o equipo en estudio si le ocurre un fallo.

	5	M	M	A	A	A
CATEGORIA DE FRECUENCIA	4	M	M	A	A	A
	3	B	M	M	A	A
	2	B	B	M	M	A
	1	B	B	B	M	A
		1	2	3	4	5
		CATEGORIA DE CONSECUENCIA				

B: criticidad baja.

M: criticidad media

A: criticidad alta.

Por tanto, el **análisis de Riesgos** es una técnica que permite jerarquizar sistemas, instalaciones y equipos, en función de su impacto global con el fin de facilitar la toma de decisiones técnico-económicas.

RIESGO = FRECUENCIA DE APARICIÓN x CONSECUENCIA

Frecuencia=Fallos en un tiempo determinado

Consecuencia=Impacto Operación + Costes Mantenimiento

Es una técnica que permite la optimización de los costes de mantenimiento y mejora de la seguridad basada en los análisis de fiabilidad.

Desarrollado en la industria aeronáutica en los años 60 y que mejora los costes de mantenimiento 40-70%.

7 preguntas clave en el proceso:

1. ¿Cuáles son las funciones deseadas para el sistema que se está analizando?

2. ¿Cuáles son los modos de fallo asociados con estas funciones?

3. ¿Cuáles son las posibles causas de cada uno de estos modos de fallo?

4. ¿Cuáles son los efectos de cada una de estos modos de fallo?

5. ¿Cuál es la consecuencia de cada modo de fallo?

6. ¿Qué puede hacerse para predecir o prevenir cada modo de fallo?

7. ¿Qué hacer si no puede encontrarse una tarea predictiva o preventiva?

Bonus track (Práctica)

A continuación os adjunto un ejemplo práctico de aplicación de las RAMS. Los objetivos son:

El familiarizarse con el concepto de "fiabilidad" de un sistema. A su vez, entendemos como "Sistema": Colección de componentes/subsistemas dispuestos de acuerdo a un diseño dado con el propósito de lograr el cumplimiento de unas determinadas funciones con una adecuación y fiabilidad aceptables. El tipo de componentes, su cantidad, su calidad y el modo en que están dispuestas tiene un efecto directo en la fiabilidad de sistema.

En particular, calcular el stock de componentes de un sistema a partir de sus fiabilidades medias. Relacionar el coste de mantenimiento con las fiabilidades de los componentes. Y por último determinar cambios de bienes de equipo a lo largo del tiempo.

Práctica:

La empresa contratista de un tramo de mantenimiento de los sistemas de seguridad de una línea de alta velocidad, está realizando un estudio del stock de los componentes de uno de los equipos de la instalación.

El fabricante del bien de equipo ha suministrado la siguiente tabla de fiabilidades, que indica el número medio de componentes a sustituir al año en función del tráfico ferroviario, y el coste de los mismos:

COMPONENTES	TRÁFICO FERROVIARIO			COSTE UNITARIO DE SUSTITUCIÓN
	BAJO	MEDIO	ALTO	
C1	20	40	100	20 €/ud
C2	5	15	25	100 €/ud
C3	0	1	2	1200 €/ud

Sabiendo que según un estudio de tráfico aportado por el administrador de la infraestructura la probabilidad de los tráficos es:

TRÁFICO FERROVIARIO		
BAJO	MEDIO	ALTO
0,2	0,6	0,2

1.- ¿Calcular el stock medio anual de cada componente?

2.- ¿Calcular el coste medio anual que tendrá la empresa mantenedora en componentes de este bien de equipo?

3.- ¿Cuál de los componentes supondrá un coste total anual mayor para la empresa mantenedora y cual será ese coste si la vida útil del equipo es de 10 años?

4.- Al 5º año de mantenimiento la empresa se plantea sustituir el equipo por otro tecnológicamente más avanzado que no requiere la sustitución de ningún componente. Suponiendo que el nuevo equipo tiene las siguientes características:

• Coste de adquisición: 35.000 €

• Valor residual: 2.000 €

• Vida útil: 5 años

Y que el equipo actual se podría vender en el mercado por 15.000 €.

4.1. ¿Qué decisión tomaría la empresa si el tráfico de los 5 años es medio?

4.2. ¿Qué decisión tomaría la empresa si no conoce el volumen de tráfico en esos 5 años?

Si te interesa conocer la solución a este ejercicio de aplicación de las RAMS, puedes conseguirlo en:

https://ingenieroferroviario.wordpress.com/
A través de el.ingeniero.ferroviario@gmail.com

Otras formaciones en:

https://ingenieroferroviario.wordpress.com/formacion/

http://www.eadic.com/

Darte mi máximo agradecimiento por leer este libro que espero y deseo te haya animado a formarte más en este ámbito tan apasionante como es el mundo de los ferrocarriles y la ingeniería ferroviaria.

Muchas Gracias!
Daniel.

www.ingramcontent.com/pod-product-compliance
Lightning Source LLC
Chambersburg PA
CBHW021359210526
45463CB00001B/154